D1752900

TECHNISCHE UNIVERSITÄT DRESDEN

Laser-Doppler-basierte Geschwindigkeitsprofil- und Geschwindigkeitsfeldsensoren für die hochauflösende Untersuchung von Scherschichten

Dipl.-Phys. Andreas Voigt

von der Fakultät Elektrotechnik und Informationstechnik der
Technischen Universität Dresden

zur Erlangung des akademischen Grades eines

Doktoringenieurs

(Dr.-Ing.)

genehmigte Dissertation

Vorsitzender:	Prof. Dr. Ing. habil. K.-J. Wolter		
Gutachter:	Prof. Dr.-Ing. habil. J. Czarske	Tag der Einreichung:	29.07.2010
	Prof. Dr. rer. nat. E. Koch	Tag der Verteidigung:	02.12.2010

Dresdner Berichte zur Messsystemtechnik

Band 5

Andreas Voigt

Laser-Doppler-basierte Geschwindigkeitsprofil- und Geschwindigkeitsfeldsensoren für die hochauflösende Untersuchung von Scherschichten

Shaker Verlag
Aachen 2011

Bibliografische Information der Deutschen Nationalbibliothek
Die Deutsche Nationalbibliothek verzeichnet diese Publikation in der Deutschen Nationalbibliografie; detaillierte bibliografische Daten sind im Internet über http://dnb.d-nb.de abrufbar.

Zugl.: Dresden, Techn. Univ., Diss., 2010

Copyright Shaker Verlag 2011
Alle Rechte, auch das des auszugsweisen Nachdruckes, der auszugsweisen oder vollständigen Wiedergabe, der Speicherung in Datenverarbeitungsanlagen und der Übersetzung, vorbehalten.

Printed in Germany.

ISBN 978-3-8440-0247-8
ISSN 1866-5519

Shaker Verlag GmbH • Postfach 101818 • 52018 Aachen
Telefon: 02407 / 95 96 - 0 • Telefax: 02407 / 95 96 - 9
Internet: www.shaker.de • E-Mail: info@shaker.de

Meinen Eltern gewidmet

Kurzfassung

Strömungphänomene spielen in weiten Bereichen der industriellen Anwendung eine zentrale Rolle. Eine besondere Bedeutung kommt dabei der Strömung nahe einer Wand (der Grenzschicht) und dem Gebiet zweier aufeinandertreffender Strömungen unterschiedlicher Geschwindigkeit (der Scherschicht) zu. So hängt die Effizienz und Sicherheit eines Kraftwerks maßgeblich von der Effizienz des Kühlkreislaufes ab. Diese wiederum ergibt sich aus der erzwungenen, turbulenten Strömung in Wandnähe des Wärmeübergangs. Die Durchflussbestimmung, z. B. von Erdgas, durch ein Rohr oder eine Düse ist durch genaue Kenntnis des Strömunggeschwindigkeitsprofils möglich, wobei hier eine genaue Kenntnis von Mittenströmung und Grenzschicht notwendig ist. Für diese Anwendungen werden industriell einsetzbare Strömungsmessinstrumente mit hoher Orts- und Geschwindigkeitsauflösung benötigt. In Festplattenspalten, bei Einspritzdüsen und in Mikrokanälen treten Strömungen auf, die auf kleinen Skalen zwei- oder dreidimensionales Verhalten aufweisen. Zur Erfassung solcher Strömungen sind hochauflösende Feldmessverfahren nötig.

Der Laser-Doppler-Profilsensor ist ein auf der Laser-Doppler-Anemometrie basierendes Strömungsmessverfahren. Anstelle eines einzelnen Interferenzstreifensystems mit parallelen Strahlen werden zwei überlagerte Streifensysteme mit konvergierenden bzw. divergierenden Streifen verwendet. Dies gestattet die Bestimmung der Position der verwendeten Streuteilchen innerhalb des Messvolumens. Dadurch wird im Vergleich zur konventionellen Laser-Doppler-Anemometrie eine um je eine Größenordnung und mehr erhöhte Orts- und Geschwindigkeitsauflösung erreicht. Bisher wurde das Messvefahren allerdings ausschließlich in Strömungsmessungen im nichtindustriellen Bereich zum Nachweis der prinzipiellen Funktionalität eingesetzt. Außerdem erlaubt der Laser-Doppler-Profilsensor nur eine eindimensionale Positionsbestimmung.

In dieser Arbeit wurden erstmalig Profilsensorsysteme für den industriellen Einsatz entwickelt und eingesetzt. Für die Durchflussmessung von Erdgas bei einem Druck von 50 bar konnte das Strömungsprofil im Austritt einer Düse erfolgreich vermessen werden. Die in der Mitte der Strömung gemessene Standardabweichung der Geschwindigkeit war um einen Faktor 20 geringer als mit einem konventionellen Laser-Doppler-Anemometer. Der niedrigste mit dem Profilsensor gemessene Turbulenzgrad der Strömung betrug $7 \cdot 10^{-4}$. Ebenso wurde das Turbulenzprofil in der Scherschicht präziser gemessen. Für einen Reaktormodellkühlkreislauf wurde ein Messsystem für die Grenzschichtmessung entwickelt, das erhöhten Anforderungen an die Stabilität und Nutzerfreundlichkeit genügte. Durch systematische Untersuchungen zum Einfluss der Auslegung und Positionierung der Detektionsoptik konnte die Entfernung des zur Wand nächsten Datenpunktes von > 1 mm auf ca. 125 µm gesenkt werden. Damit wird ein zukünftige Messung zwischen ca. 1 mm hohen Rippenstrukturen möglich. Durch orthogonale Kombination von zwei Laser-Doppler-Profilsensoren wurde erstmals der Laser-Doppler-Feldsensor zur hochauflö senden zweidimensionalen Geschwindigkeitsfeldmessung aufgebaut. Er ermöglicht eine bildgebende Strömungsmessung, ohne eine Kamera zu verwenden. Seine Funktionsfähigkeit wurde durch Geschwindigkeitsfeldmessungen an einer Einspritzdüse und einem Mikrokanal demonstriert.

Mit dem Laser-Doppler-Profilsensor lassen sich in Strömungsmessungen Ortsauflösungen im Sub-Mikrometerbereich und relative Geschwindigkeitsauflösungen $< 7 \cdot 10^{-4}$ erreichen. Die Vorzüge des Verfahrens ließen sich erstmalig in der industriellen Vermessung von Grenz- und Scherschichten zeigen. Der neu entwickelte Laser-Doppler-Feldsensor hat großes Potential zur Messung von kleinskaligen zweidimensionalen Scher- und Grenzschichtströmungen, insbesondere in der Mikrofluidik.

Abstract

Flow phenomena play a key role in wide areas of industrial applications. Flows close to a wall (boundary layers) and the region of two joining flows with different velocities (shear layers) are of special importance. The efficiency and safety of power plants depend substantially on the efficiency of the cooling loop, which in turn results from the forced turbulent flow close to the wall where the heat transfer occurs. Flow rate measurement, e. g. of natural gas, through a pipe or nozzle can be achieved by a precise determination of the velociy profile, where both the inner flow and the boundary layer have to be known precisely. For these applications industrial-suited flow measurement instruments with high spatial and velocity resolution are needed. In hard disk gaps, injection nozzles and microchannels, there occur flows with two- or three-dimensional variations on small scales. In order to resolve these flows, high-resolution field measurement techniques are needed.

The laser Doppler profile sensor is a flow measurement technique based on laser Doppler velocimetry. However, instead of one single interference fringe system with parallel beams, two superposed fringe systems with convergent and divergent fringes are employed. In this way the position of the employed scattering particles within the measurement volume can be determined. Hence both spatial and velocity resolution are increased by one order of magnitude or more compared to conventional laser Doppler anemometry. Up to now this technique has only been applied for non-industrial measurements in order to prove the functionality of the technique. Furthermore the laser Doppler profile sensor only provides a one-dimensional determination of the position.

In this thesis profile sensor systems were developed and applied to industrial settings for the first time. For a flow rate measurement of natural gas at 50 bar the flow profile at the exit of a nozzle was measured succesfully. The standard deviation of the velocity determined in the center of the flow was lower by a factor of 20 than for a conventional laser Doppler velocimeter. The lowest turbulence intensity measured by the profile sensor amounted to $7 \cdot 10^{-4}$. The turbulence profile in the shear layer was measured more accurately as well. For the shear layer measurement at a reactor cooling loop model a measurement system was developed which satisfied increased requirements regarding stability and user friendliness. By systematic investigations regarding the influence of the design and the positioning of the detection optics the distance of the closest data point with respect to the wall was improved from > 1 mm to about 125 µm. This facilitates the perspective measurement between rib structues of 1 mm height. By combining two laser Doppler profile sensors orthogonally the laser Doppler field sensor was constructed for the first time by which the two-dimensional velocity field can be measured with high resolution. It generates an image of the flow without use of a camera. The functionality was demonstrated by velocity field measurements at an injection nozzle and a microchannel.

With the laser Doppler profile sensor, spatial resolutions in the submicrometer range and relative velocity resolutions $< 7 \cdot 10^{-4}$ can be achieved in flow measurements. The advantages of this technique have been demonstrated for the first time in industrial boundary and shear layer measurements. The newly developed laser Doppler field sensor has high potential for the measurement of small scale two-dimensional shear and boundary layer flows, especially in the field of microfluidics.

Inhaltsverzeichnis

1. **Einleitung**   1
   1.1. Motivation   1
   1.2. Stand der Technik   3
   1.3. Forschungsumfang dieser Arbeit   5

2. **Der Laser-Doppler-Profilsensor**   7
   2.1. Die Laser-Doppler-Differenz-Technik   7
   2.2. Limitierungen der konventionellen Laser-Doppler-Technik   8
   2.3. Prinzip des Laser-Doppler-Profilsensors   10
   2.4. Aufbau des Laser-Doppler-Profilsensors und Multiplextechniken   11
   2.5. Detektion in Vorwärts-, Rückwärts- und Seitwärtsstreuung   15
   2.6. Signalverarbeitung auf FFT- und QDT-Basis und Datenauswertung   16
   2.7. Charakterisierung des Profilsensors   20
      2.7.1. Kaustikmessung   20
      2.7.2. Kalibrierung   20
   2.8. Kurze Anmerkung zum Begriff „n-dimensionale" Strömung   21

3. **Untersuchungen zu wandnahen Messungen**   22
   3.1. Problemstellung   22
   3.2. Lichtstreuung am Teilchen   23
   3.3. Lichtstreuung an der Wand   24
   3.4. Lichtakzeptanzfunktion der Detektionsoptik   25
   3.5. Empfindlichkeit des Detektors   27
   3.6. Signal-Rausch-Verhältnis bei wandnahen Messungen   27
   3.7. Folgerungen   30

4. **Erdgasdurchflussmessung mit dem Profilsensor**   31
   4.1. Motivation   31
   4.2. Pigsar   32
   4.3. Das Profilsensor-Messsystem mit Frequenzmultiplex   34
      4.3.1. Gesamtaufbau   34
      4.3.2. Laser   35
      4.3.3. Frequenzmultiplex mit akusto-optischen Modulatoren   36
      4.3.4. Messkopf   39
      4.3.5. Detektionseinheit   40
      4.3.6. Mischerschaltung und Signalverarbeitung   41
   4.4. Charakterisierung des Messsystems   42
   4.5. Aufbau des Messsystems am Messort   45
   4.6. Messergebnisse   45
      4.6.1. Geschwindigkeitsprofil und Turbulenzgradprofil (Gesamt)   47
      4.6.2. Geschwindigkeitsprofil und Geschwindigkeitsfluktuationsprofil (Scherschicht)   47
      4.6.3. Durchflussbestimmung   49
   4.7. Beiträge zum Messunsicherheitsbudget der Durchflussbestimmung   49
      4.7.1. Messunsicherheit bei der Kalibrierung   49
      4.7.2. Abweichung des Profils von der Radialsymmetrie   50

      4.7.3. Abweichung durch Slotmittelung 50
      4.7.4. Abweichung durch eine Schrägstellung des Sensors 51
      4.7.5. Abweichung durch eine nicht-mittige Messung des Düsenprofils 51
      4.7.6. Die zufällige Messabweichung der Durchflussmessung 51
      4.7.7. Abweichungen durch die Strömungsmessung in einem Abstand hinter der Düse 52
  4.8. Grenzen der Messbarkeit 52
  4.9. Zusammenfassung und Ausblick 53

5. Aufbau eines Messsystems zur Strömungsmessung an einem Kühlkreislaufmodell   55
  5.1. Motivation 55
  5.2. Messaufbau 56
  5.3. Das Profilsensor-Messsystem mit Wellenlängenmultiplex 57
      5.3.1. Gesamtaufbau 57
      5.3.2. Laser 57
      5.3.3. Die Einkoppel- und AOM-Einheit 58
      5.3.4. Messkopf 59
      5.3.5. Aufbau der Detektionseinheit 63
      5.3.6. Mischerschaltung und Signalverarbeitung 64
  5.4. Stabilitätstest der Justage 66
  5.5. Charakterisierung des Messsystems 66
  5.6. Aufbau des Messsystems am Messort 68
  5.7. Messergebnisse 68
  5.8. Zusammenfassung und Ausblick 70

6. Der Laser-Doppler-Feldsensor zur zweidimensionalen Geschwindigkeitsfeldmessung   72
  6.1. Motivation 72
  6.2. Stand der Technik 72
  6.3. Aufbau 74
  6.4. Signalverarbeitung 75
  6.5. Kalibrierung und Charakterisierung 76
  6.6. Geschwindigkeitsfeldmessung an einer Einspritzdüse 78
  6.7. Messung des Strömungsfeldes in einem Mikrokanal 79
  6.8. Zusammenfassung und Ausblick 82

7. Zusammenfassung und Ausblick   84
  7.1. Zusammenfassung 84
  7.2. Ausblick 86

A. Untersuchungen zum universellen Geschwindigkeitsprofil   89
  A.1. Einleitung 89
  A.2. Experiment und Ergebnisse 91

B. Weitere Untersuchungen zur Messtechnik   94
  B.1. Zeitmultiplex-Profilsensor mit Sub-Mikrometerauflösung 94
  B.2. Das Besselstrahl-Laser-Doppler-Anemometer 95
      B.2.1. Aufbau 96
      B.2.2. Strömungsmessung zur Verifikation der hohen Orts- und Geschwindigkeitsauflösung 96

C. Justage der Strahllage und Taillenposition   99

D. Fehlerfortpflanzung bei einem Zwei-Parameter-Fit   100

E. Untersuchung des Glasfensters des Erdgas-Prüfstands	102
Literaturverzeichnis	111
Danksagung	120
Publikationen	122
Betreute Diplom- und Belegarbeiten	125
Lebenslauf	126

Verzeichnis wichtiger Formelzeichen

Symbol	Bedeutung
c	Lichtgeschwindigkeit
c_{Offset}	konstanter Signal-Offset
d	Interferenzstreifenabstand
f_{BW}	äquivalente Rauschbandbreite
f_c	3 dB-Grenzfrequenz
f_D	Lichtakzeptanzfunktion der Detektionseinheit
f_M	zum Mischen verwendete Frequenz
f_s	Rotationsfrequenz der Kalibrierscheibe
f_T	Trägerfrequenz
Δf_{FT}	$1/e^2$-Breite des Fourierpeaks
g	Detektorempfindlichkeit
h	plancksches Wirkungsquantum
j	imaginäre Einheit
k	Wellenzahl
k_B	Boltzmann-Konstante
l_τ	viskose Längenskala
l_z	mittlerer Abstand der Datenpunkte auf der z-Achse
$n(t)$	Rauschsignal
n_{Str}	Streifenanzahl
n_{MW}	Anzahl der Messwerte/Datenpunkte
q	Elementarladung
$s(t)$	Nutzsignal
$s_M(t)$	Signal nach dem Mischen
$s_{TP}(t)$	Signal nach der Tiefpassfilterung
$\mathbf{v}$	Teilchen- oder Strömungsgeschwindigkeit
w	Strahlradius
w_0	Strahlradius in der Strahltaille
z_0	Position der Strahltaille
z_M	Position der Düsenmitte
z_R	Rayleigh-Länge
A_0	Burstsignalamplitude
A_{Det}	Detektorempfangsfläche
$B(y)$	Breite der Düse in der Höhe y
D	Strahldurchmesser
D_0	Strahldurchmesser in Strahltaille
E	Erwartungswert
H	halbe Kanalhöhe
I	Laserintensität
I_0	Laserintensität im Maximum
L	Länge des Messvolumens
M^2	Beugungsmaßzahl
N	Rauschenergie
N_f	Rauschleistungsdichte

N_{max}	maximale Anzahl unabhängiger Abtastwerte
N_{Sa}	Anzahl unabhängiger Abtastwerte
N_{Slot}	Anzahl der Datenpunkte in einem Slot
NA	numerische Apertur
NEP	rauschäquivalente Leistung
P	Lichtleistung
P_A	auf die Empfangsapertur auftreffende Lichtleistung
P_D	auf den Detektor auftreffende Lichtleistung
Q	Durchfluss
R	elektrischer Widerstand
R_0	Düsenradius
R_S	Radius der Kalibrierscheibe
Re	Reynoldszahl
Re_τ	auf u_τ beruhende Reynoldszahl
S	Signalenergie
S_{v_x}	Schiefe der Verteilung der Geschwindigkeit v_x
S_P	Streukoeffizient des Partikels
S_W	Streukoeffizient der Wand
T	Temperatur
T_0	$1/e^2$-Burstsignallänge
SNR	Signal-Rausch-Verhältnis
W_{v_x}	Wölbung der Verteilung der Geschwindigkeit v_x
α	halber Kreuzungswinkel der Laserstrahlen
β	Positionswinkel der Detektionsoptik
δ_1	Verdrängungsdicke (Maß für die Grenzschichtdicke)
δ_2	Impulsverlustdicke (Maß für die Grenzschichtdicke)
δ_{99}	99 %-Grenzschichtdicke
η	Quanteneffizienz
γ	Winkel zwischen Profilsensorachse und Hauptströmungsrichtung
κ	Kármán-Konstante
λ	Lichtwellenlänge
μ	dynamische Viskosität
μ_k	zentrales Moment k-ter Ordnung der Geschwindigkeitsverteilung
ν	kinematische Viskosität
ϕ	Faserdurchmesser (bei Singlemodefasern: Modenfelddurchmesser)
ρ	Dichte
τ_W	Wandschubspannung
ξ	Keilprismenwinkel
Δ_S	Slotbreite
Ω_{Det}	Öffnungswinkel der Detetktionsoptik (Raumwinkel)
Θ_B	Bragg-Winkel
θ_{Div}	halber Fernfelddivergenzwinkel eines Laserstrahls

Akronyme

Abk.	Bedeutung
AOM	akusto-optischer Modulator
APD	Avalanche Photodiode
CCD	Charge-coupled Device
CFD	Computational Fluid Dynamics
DEHS	Di-Ethyl-Hexyl-Sebacat
DGV	Doppler Global Velocimetry
DNS	direkte numerische Simulation
FDM	Frequency Division Multiplexing (Frequenzmultiplex)
FFT	Fast Fourier Transform
IR	Infrarot
LDA	Laser-Doppler-Anemometrie, Laser-Doppler-Anemometer
L-STAR	Luft-STab, Abstandshalter, Rauhigkeiten
LES	Large Eddy Simulation
MTV	Molecular Tagging Velocimetry
PDMS	Poly-Di-Methyl-Siloxan
pigsar	Prüfinstitut für Gaszähler, ein Serviceangebot der Ruhrgas
PIV	Particle Image Velocimetry
PTB	Physikalisch-Technische Bundesanstalt
RF	Radiofrequenz
QDT	Quadraturdemodulationstechnik
RANS	Reynolds-averaged Navier Stokes
RPS	Rohrprüfstrecke
TDM	Time Division Multiplexing (Zeitmultiplex)
UV	Ultraviolett
WDM	Wavelength Division Multiplexing (Wellenlängenmultiplex)
μPIV	Micro Particle Image Velocimetry
μTAS	Micro Total Analysis System

Kapitel 1.
Einleitung

1.1. Motivation

„Wenn ich in den Himmel kommen sollte, erhoffe ich Aufklärung über zwei Dinge: Quantenelektrodynamik und Turbulenz. Was den ersten Wunsch betrifft bin ich ziemlich zuversichtlich." [Mes06], so lautet ein berühmtes Zitat des Physikers Horace Lamb aus dem Jahre 1932. Dass das Wort vom „letzten rätselhaften Feld der klassischen Physik" [Löf05, Nel92] auch im Jahre 2010 nichts von seiner Aktualität eingebüßt hat, belegen die zahlreichen Erscheinungen der letzten 10 Jahre zur strömungsmechanischen Grundlagenforschung in hochrangigen Wissenschaftsjournalen [Du00, Lar00, Pro01, Ben03, Che03, Bus04, Car06, Hof06, Sch06a, Bou06, Egg07, Pea08]. Die wichtigsten offenen Fragen betreffen dabei unter anderem die Geometrie von kleinskaligen Strukturen, die Beschreibung von Dissipationsmechanismen, die Lebensdauer von Turbulenzen und den Gültigkeitsbereich der Universalitätshypothese, das heißt die Skalierung von Strömungsphänomenen mit der Reynolds-Zahl Re[1].

In der industriellen Anwendung sind fluidische Strömungen allgegenwärtig. Die offensichtlichen Gebiete sind dabei die Luftfahrt [Sch00a, Sch00b], der Schiffsbau [May06] und der Automobilbau [Huc05]. Hier ist ein häufiges Ziel die Realisierung eines möglichst geringen Strömungswiderstandes (ausgedrückt in Form des Widerstandsbeiwertes C_w) und die Gewährleistung eines gegenüber Störungen möglichst stabilen Fahrt- bzw. Flugverhaltens. Im Bauingenieurswesen ist zum einen der Wasserbau [Str08] zu erwähnen, wo eine effiziente Wasserverteilung angestrebt wird oder Konzepte zur Vermeidung von Hochwasser erarbeitet werden. Zum anderen spielen strömungsmechanische Betrachtungen im Gebiet der Gebäudeaerodynamik [Law01] eine große Rolle, wo die mechanischen Belastungen der Gebäude durch die von Wind- und Wärmekonvektion stammende und durch Gebäudegrenzflächen beeinflusste Strömung bei der Konstruktion berücksichtigt werden müssen[2]. Gebäudeaerodynamische Vorgänge, zum Beispiel in Wolkenkratzerschluchten, werden heute durch skalierte experimentelle Aufbauten modelliert [Kie03]. Die Förderung von Fluiden sowie Misch- und Trennprozesse von Mehrphasengemischen sind ein wesentlicher Aspekt der Verfahrenstechnik [Sch07]. Von besonderer Bedeutung ist die Fluidtechnik im Bereich der Energietechnik [Zah08]. Ein Unterbereich sind hierbei die Kühlkreisläufe, wie sie unter anderem in Kraftwerken auftreten. Die Effizienz und Sicherheit der Kraftwerke hängt wesentlich von der Effizienz der Kühlkreisläufe ab. Dabei spielt das Design des Wärmeübergangs [Blr06] in Form einer erzwungenen stark turbulenten Strömung eine besondere Rolle. Ein anderer Bereich ist die Energieversorgung mit Erdöl und Erdgas, wo strömungsmechanische Aspekte bei der Verteilung

---

[1] An dieser Stelle seien noch andere Gebiete der fluidmechanischen Grundlagenforschung genannt, die sich dadurch auszeichnen, dass sie auf extrem großen Skalen oder extrem kleinen Skalen stattfinden: Im Großen sind das atmosphärische Bewegungen [Bal02], Ozeanströmungen [Kat09] und Turbulenzen in stellaren Objekten [Pud09]. Im Kleinen sind das zum Beispiel Strömungen in quantenmechanischen Objekten wie Bose-Einstein-Kondensaten [Dem06] oder superfluidem Helium [Kiv00]. Solche Strömungen sind nicht Teil dieser Arbeit, da die hier vorgestellten und angewandten Methoden, zumindest in ihrer jetzigen Form, kein geeignetes experimentelles Mittel zu deren Untersuchung darstellen.

[2] Hier sei an den Fall der Tacoma-Narrows Bridge 1940 erinnert, die durch aeroelastisches Flattern zum Einsturz gebracht wurde.

und bei der Durchflussmessung [Lur08] zu berücksichtigen sind. Weitere Strömungsphänomene lassen sich unter anderem im Bereich der Einspritzdüsen von Motoren [Cor01], bei Fließprozessen in der Kristallzucht [Win10a, Win10b], bei Blutströmungen [Ven07] oder im neuen Feld der Mikrofluidik [Whi06] finden, welches in Form von Mikrolaboratorien („Labs-on-chips") einen wachsenden Zukunftsmarkt darstellt, wobei insbesondere die Mikroanalysesysteme (µTAS: micro total analysis systems) hervorzuheben sind.

Ein Hauptaugenmerk liegt häufig auf dem fluidmechanischen Geschehen in Grenz- und Scherschichten [Sch99]. Die Grenzschicht ist dabei die Strömung nah an einer begrenzenden Oberfläche. Das Ende der Grenzschicht wird üblicherweise als die Stelle definiert, wo die Strömungsgeschwindigkeit 99 % der Anströmgeschwindigkeit erreicht[3]. Der Begriff Scherschicht bezeichnet den Übergangsbereich zwischen zwei parallelen Strömungen mit unterschiedlicher Geschwindigkeit. Ein für diese Arbeit relevanter Sonderfall ist, wenn ein aus einer Öffnung (zum Beispiel einer Düse) strömendes Fluid auf das stehende Umgebungsfluid trifft. Das Interesse an Grenz- und Scherschichten ist aus Sicht der Grundlagenforschung deshalb groß, weil dies der Bereich ist, in dem Reibung eine wesentliche Rolle spielt, während in der Außenströmung Reibungseffekte näherungsweise vernachlässigbar sind. Durch die Reibung kommt es zur Ausprägung eines strömungscharakteristischen Geschwindigkeitsprofils im Falle einer turbulenten Strömung zu einem spezifischen Turbulenzverhalten. Als klassischer Fall für eine laminare Strömung ist das Blasius-Profil zu nennen [Bla08], das bei einer voll entwickelten Strömung niedriger Reynolds-Zahl mit einseitiger Wandbegrenzung auftritt. Das klassische Beispiel für eine turbulente Strömung ist das universelle Geschwindigkeitsprofil [Pra25, vK30], das für eine voll entwickelte Strömung hoher Reynolds-Zahl ebenfalls bei einseitiger Wandbegrenzung auftritt. Beide Profile sind laut der in [Bla08] und [Pra25, vK30] dargestellten Theorie skalierbar, das heißt sämtliche voll entwickelten einseitig begrenzten Strömungen von newtonschen Fluiden folgen dem Blasius-Profil (im laminaren Fall) bzw. dem universellen Geschwindigkeitsprofil (im turbulenten Fall), nur mit unterschiedlicher Skalierung, die aus den Anströmbedingungen und den Fluidparametern berechnet werden kann. Das Interesse der angewandten Fluidmechanik an Grenz- und Scherschichten lässt sich in zwei Aspekte unterteilen. Entweder ist eine hochpräzise Kenntnis des Strömungsverhaltens aus Interesse an der Strömung selbst erforderlich. Dies ist zum Beispiel der Fall, wenn der Durchfluss aus dem gemessenen Geschwindigkeitsprofil bestimmt werden soll. Je genauer das Profil bekannt ist, desto genauer ist die Durchflussbestimmung. Oder es besteht Interesse an der Wechselwirkung zwischen Wand und Strömung. Ein Beispiel ist die mechanische Wechselwirkung, die im Flugzeugbau bewusst ausgenutzt wird. Ein anderes Beispiel ist die thermische Wechselwirkung, die im Falle von Wärmeübergängen je nach Aufbau zur Kühlung oder Beheizung des Wandelements oder des Fluids ausgenutzt wird. Das Strömungsverhalten des Fluids spielt dabei eine zentrale Rolle für die Effizienz des Wärmeübergangs.

Durch die mit dem heuristischen „Gesetz" von Gordon Moore [Moo65] erstaunlich gut beschriebene stetig steigende Leistungsfähigkeit von PCs und Großrechnern haben numerische Methoden zur Beschreibung von strömungsmechanischen Vorgängen (CFD: computational fluid dynamics) einen immer breiteren Raum erobert [Fer07]. Die Basis für die Berechnungen bilden dabei die Navier-Stokes-Gleichungen [Whi05] mit einer Annahme von Randbedingungen, in der Regel dass die Strömungsgeschwindigkeit an Grenzflächen Null ist (No-Slip-Bedingung). In Teilbereichen von Forschung und Technik ist das Vertrauen in die Gültigkeit der numerischen Modelle bereits so gefestigt, dass teure und zeitaufwändige Messungen zum Teil durch Simulationen ersetzt werden. Doch ist die numerische Simulation in ihrer Anwendung immer noch beschränkt. Zum einen muss für eine vollständige Betrachtung die niedrigste Turbulenzskala, die Kolmogorov-Skala [Lum72], aufgelöst werden. Zum anderen stellen insbesondere hochgradig dreidimensionale Strömungsphänomene eine große Herausforderung dar. Eine direkte numerische Simulation (DNS) der Strömung, das heißt eine gitterbasierte Berechnung, die alle räumlichen und zeitlichen Turbu-

---

[3]Dies entspricht der mit δ_{99} bezeichneten 99 %-Grenzschichtdicke. Andere übliche Definitionen der Grenzschichtdicke sind die Verdrängungsdicke δ_1 und die Impulsverlustdicke δ_2.

lenzskalen erfasst, erfordert ein engmaschiges Netz von Gitterpunkten. Sie ist daher nur für relativ niedrige Reynolds-Zahlen möglich. Im Fall der Kanalströmung[4] ist der höchste bisher erreichte Wert $Re_\tau = 2320$ [Moi98]. Für höhere Werte der Reynolds-Zahl übersteigt die Anzahl der benötigten Gitterpunkte die zur Verfügung stehende Rechenleistung selbst heutiger Großrechner und es müssen zur Reduktion des Rechenaufwands Turbulenzmodelle in Form von Annahmen über die Dissipationsmechanismen hinterlegt werden. Häufig eingesetzte Modelle sind dabei RANS (Reynolds-averaged Navier-Stokes), LES (large eddy simulations) und die Vortex-Methode. Im Blick auf die derzeitige Leistungsfähigkeit von numerischen Methoden ist der Nutzen des Einsatzes von Messtechnik zur Untersuchung von Strömungen mindestens dreifach:

a) Die Grundlagen der Modellbildung müssen gefestigt sein. So ist z. B. die Untersuchung solcher Annahmen wie der Non-Slip-Bedingung oder des Vorhandenseins eines newtonschen Viskositätsverhaltens notwendig.

b) Für hohe Reynolds-Zahlen ist eine direkte numerische Simulation nicht möglich. Die eingesetzten numerischen Turbulenzmodelle benötigen eine stetige experimentelle Gültigkeitsüberprüfung.

c) In vielen Fällen stellt die Messung der benötigten Strömungsparameter den im Vergleich zur Simulation einfacheren Vorgang dar. In Grenz- und Scherschichten treten häufig stark dreidimensionale Turbulenzstrukturen auf, die rechnerisch schwierig zu erfassen sind. In sicherheitsrelevanten Gebieten werden Messungen als zwingend notwendig betrachtet.

1.2. Stand der Technik

Das Standardgerät zur hochauflösenden Messung von Strömungsgeschwindigkeitsfeldern ist das Hitzdraht-Anemometer [Sta93], dessen Hauptelement ein einige Mikrometer dünner, ca. 230 °C heißer [Bru95] Wolframdraht ist, dessen Wärmeabfuhr von der lokalen Strömungsgeschwindigkeit abhängt. Das erste auf dem Hitzdraht-Prinzip basierende Anemometer wurde 1929 von Dryden und Kuethe zur Messung subsonischer inkompressibler Strömungen eingesetzt [Dry29]. Mit einem Hitzdraht-Anemometer lassen sich entlang der Dimension des Durchmessers Auflösungen im Mikrometerbereich realisieren. In Richtung entlang des Drahtes sind Werte von einigen 100 μm die Grenze. Die bestmögliche Geschwindigkeitsauflösung[5] liegt typischerweise im oberen Promille-Bereich [Jør96]. Der Frequenzbereich von Hitzdraht-Anemometern, in dem Geschwindigkeitsfluktuationen erfasst werden können, ist bemerkenswert hoch (je nach Herstellerangaben und Anwendung einige 10 bis einige 100 kHz), während der Dynamikbereich der Geschwindigkeit (das Verhältnis der maximalen erfassbaren Geschwindigkeit zur minimalen erfassbaren Geschwindigkeit) nur etwa 100 beträgt. Ein Hitzdraht-Anemometer muss durch eine wohldefinierte Strömung vor dem Einsatz kalibriert werden. Außerdem beschränken einige verfahrensbedingte Nachteile den Einsatzbereich. Zum einen können Hitzdraht-Anemometer nur in sauberen Gasen beschädigungsfrei eingesetzt werden. Schmutz oder Blasen am Draht ändern den charakteristischen Zusammenhang zwischen Wärmeabfuhr und Strömungsgeschwindigkeit. Außerdem wird ein mechanischer Zugang zur Strömung benötigt, und eine Messung in extremer Wandnähe ist mechanisch eingeschränkt. Zusätzlich werden Messungen in Wandnähe durch die Ableitung von Wärme durch die Wand verfälscht. Die vielleicht wichtigste Limitierung ist die Tatsache, dass Hitzdraht-Anemometer invasiv sind, das heißt es findet eine mechanische (zu einem gewissen Grad auch thermische) Rückwirkung des Anemometers auf die Strömung statt.

Aus diesem Grund wurden insbesondere seit der Konzeption des Lasers durch Schawlow und Townes 1958 [Sch58] optische Methoden entwickelt, die neben dem Ziel einer verbesserten Orts-,

---

[4]Für die Kanalströmung wird üblicherweise der auf der Schubspannungsgeschwindigkeit u_τ beruhende Wert für die Reynoldszahl verwendet. Er ist als $Re_\tau = u_\tau H/\nu$ definiert, wobei ν die kinematische Viskosität und H die halbe Kanalhöhe ist. Eine detailliertere Beschreibung findet sich in Anhang A.
[5]Für den Begriff *Geschwindigkeitsauflösung* ist in der Literatur auch der Begriff *Präzision* zu finden.

Geschwindigkeits- und Zeitauflösung eine einwirkungsfreie Messung ohne mechanischen Zugang realisieren sollen. Das Gebiet der insgesamt im Laufe der letzten 50 Jahre entwickelten optischen Strömungssensoren ist immens und in seiner Gesamtheit selbst für den Fachmann kaum überschaubar. Die meisten Verfahren basieren auf oder sind Variationen von einem der folgenden Standardverfahren[6]: der 1964 von Yeh und Cummings [Yeh64] begründeten Laser-Doppler-Anemometrie (LDA), der 1984 von Adrian [Adr84] entscheidend geprägten Particle Image Velocimetry (PIV) und der 1990 von Meyers und Komine [Mey91] erfundenen Doppler Global Velocimetry (DGV). Alle optischen Strömungssensoren beruhen auf der Beeinflussung der Lichteigenschaften durch Teilchen im Fluid beziehungsweise durch das Fluid selbst. In der Regel werden extra Teilchen in das Fluid eingebracht, die das Licht streuen oder durch das eintreffende Licht zur Fluoreszenz gebracht werden (das *Seeding*)[7]. Sie haben je nach Anwendung einen Durchmesser von einigen 10 nm bis ca. 50 µm[8]. Dabei ist darauf zu achten, dass durch die Teilchengröße und -masse gewährleistet ist, dass sie der Strömung schlupffrei folgen.

Bei der Particle Image Velocimetry [Adr05] wird die Strömung zweimal nacheinander mit kurzem Zeitabstand durch einen meist von einer Zylinderlinse erzeugten Laserlichtschnitt mit hoher Leistung beleuchtet. Die Bilder der Streuteilchenpositionen in der Strömung werden mit einer hochauflösenden Kamera aufgezeichnet. Sie werden in Abfragefenster segmentiert, so dass für jedes Fenster der örtliche Verschiebungsvektor zwischen den beiden Bildern mittels Kreuzkorrelation berechnet werden kann. Das Geschwindigkeitsvektorfeld folgt dann durch Division der Verschiebungsvektoren durch das Zeitinterval zwischen den beiden Belichtungen. Konventionelle PIV misst die Strömung in den zwei räumlichen Dimensionen und den zwei Geschwindigkeitskomponenten des Lichtschnitts. Die relative Geschwindigkeitsauflösung ist typischerweise auf einige Prozent limitiert [Wes97]. Mit der auf dem PIV-Prinzip basierenden Variante der µPIV lassen sich sehr hohe Ortsauflösungen im Sub-Mikrometerbereich erreichen [Mei99]. Allerdings erfordern diese Aufbauten extrem kleine Arbeitsabstände im Bereich von wenigen Millimetern oder kleiner, wodurch sie für viele Anwendungen nicht benutzt werden können. Der Dynamikbereich beträgt bei der PIV etwa 200 [Adr97], was zu Einschränkungen bei der Messung von sehr steilen Scherschichten oder hochturbulenten Strömungen führen kann. Für einen optimierten Aufbau mit einer CMOS-Kamera und 256×256 Pixeln wurde eine Zeitauflösung von 26,7 kHz demonstriert [Tan02], wobei aber keine Angaben zur erreichten Geschwindigkeitsauflösung gemacht werden. Im Gegensatz zu LDA, wo immer einzelne Teilchen gemessen werden, benötigt PIV für die Korrelation je Abfragefenster ca. 10 Teilchen oder mehr. Aufgrund von Auftriebskräften ist die Teilchendichte in direkter Nähe zur Wand aber in der Regel sehr gering. Die Grenzschicht in Wandnähe kann daher häufig nicht erfasst werden.

Die Doppler Global Velocimetry [Ell99] beruht ebenso wie PIV auf der Beleuchtung der Strömung mit einem Laserlichtschnitt. Das an Partikeln gestreute Licht weist eine Dopplerverschiebung in seiner Frequenz auf, die von der Geschwindigkeit der Streuteilchen, der Beleuchtungsrichtung und dem Beobachtungswinkel abhängt. Die Detektionsoptik bildet das Messvolumen auf eine Kamera oder ein Faserarray ab, wobei noch eine Absorptionszelle zwischengeschaltet ist. Diese wirkt als frequenzabhängiger Filter. Somit erfolgt eine Dämpfung der Streulichtintensität in Abhängigkeit von der Teilchengeschwindigkeit. Aus der Intensitätsverteilung auf dem Detektor kann die örtliche Geschwindigkeitsverteilung im Beobachtungsfeld bestimmt werden. Bei konventionellen

---

[6]Für einige Verfahren haben sich auch im deutschen die englischen Bezeichnungen etabliert, wobei in den meisten Fällen das Akronym verwendet wird. Die Abkürzungen können sowohl das Verfahren („Laser-Doppler-Anemometrie", etc.) als auch das Messgerät („Laser-Doppler-Anemometer", etc.) bezeichnen.

[7]Veröffentlichungen von Strömungsmessungen, bei denen auf eingebrachte Streuteilchen verzichtet werden kann, stellen die absolute Ausnahme dar. Als Beispiel seien hier die Arbeiten von Mielke et. al. [Mie05, Mie09] genannt, bei denen aufgrund der hohen Laserleistung und hochempfindlicher Detektoren die Rayleigh-Streuung an den Molekülen des strömenden Gases ausgenutzt werden konnte.

[8]Ein Sonderfalls ist die molecular tagging velocimetry (MTV) [Gen97], bei der molekulare Marker verwendet werden. Durch ein Laserfeld wird in die Verteilung der Marker eine Struktur eingeschrieben, deren Verformung durch die Strömung mittels einer Kamera beobachtet wird.

Aufbauten ist zur Normierung der Lichtintensitäten ein Referenzdetektor notwendig, der ohne vorgeschaltete Absorptionszelle betrieben wird. DGV besticht durch seinen hohen Dynamikbereich der Geschwindigkeitsmessung (von 0 bis einige 100 m/s). Mit modifizierten Aufbauten lassen sich außerdem sehr hohe Zeitauflösungen im Bereich von einigen 10 kHz erreichen [Fis09]. Die Ungenauigkeiten bei der Ausrichtung des Referenzdetektors auf den Hauptdetektor limitieren die Geschwindigkeitsauflösung eines konventionellen DGV auf typischerweise 0,5 m/s [Roe01]. Für modifizierte Aufbauten wurden Geschwindigkeitsauflösungen bis 0,02 m/s erreicht [Fis09]. DGV benötigt eine sehr hohe Streuteilchendichte zur Messung, da für jeden örtlich aufgelösten Punkt stets Streuung an vielen Teilchen genutzt wird. Daher ist DGV noch stärker als PIV für die Messung in direkter Wandnähe eingeschränkt.

Die Laser-Doppler-Anemometrie [Alb03] basiert in der Differenzstrahlanordnung auf zwei sich kreuzenden kohärenten Laserstrahlen. Im Überlagerungsbereich, dem Messvolumen, formen die Strahlen ein Interferenzstreifensystem mit Streifenabstand d. Teilchen, die das Messvolumen passieren, streuen Licht, welches von einem Fotodetektor detektiert wird. Das Detektorsignal wird als Burstsignal bezeichnet und zeigt eine Amplitudenmodulation mit der Doppler-Frequenz $f_D = v_x/d$, die proportional zur Teilchengeschwindigkeit v_x orthogonal zum Streifensystem ist. Die Amplitudenmodulation des Burstsignals lässt sich ebenso mit dem 1842 von Christian Doppler entdeckten Doppler-Effekt erklären: Das Teilchen streut Licht von den beiden Laserstrahlen, wobei das gestreute Licht aufgrund der Bewegung des Teilchens Doppler-verschoben ist. Das am Detektor empfangene Licht ist die Überlagerung der beiden Streulichtsignale. Die Burstmodulation ergibt sich aus der Schwebungsfrequenz zwischen beiden Signalen. Um weitere Geschwindigkeitskomponenten zu bestimmen, sind weitere Strahlenpaare notwendig. Die LDA ist eine quasi-punktweise arbeitende Technik, das heißt für die Erfassung des Strömungsfeldes in einer oder mehr Dimensionen ist eine mechanische Traversierung notwendig. Die Ortsauflösung eines LDA ist durch die Größe des Messvolumens (typischerweise $0,1 \times 0,1 \times 1\,\mathrm{mm}^3$) gegeben. Die Laserstrahlen sind üblicherweise Gauß-Strahlen mit der Strahltaille im Messvolumen. Aufgrund der gekrümmten Wellenfronten ist der Streifenabstand nicht exakt konstant, sondern variiert über das Messvolumen. Diese Variation führt zu einer als *virtuelle Turbulenz* bezeichneten Geschwindigkeitsunsicherheit im Promille- oder unteren Prozentbereich. Die virtuelle Turbulenz ist größer, je kleiner das Messvolumen ist; Orts- und Geschwindigkeitsauflösung sind also komplementär [Büt04, Büt08]. Bei idealem Seeding lassen sich Datenraten von bis zu 30 kHz erreichen [Fin96]. Ein großer Vorteil von LDA ist der bei idealer Signalverarbeitung vorhandene sehr hohe Dynamikbereich der erfassten Geschwindigkeiten von 10000 [Adr96].

1.3. Forschungsumfang dieser Arbeit

Die in dieser Arbeit erforschten, entwickelten und an Strömungen zum Einsatz gebrachten optischen Sensoren beruhen auf dem Prinzip des Laser-Doppler-Geschwindigkeitsprofilsensors (kurz: Profilsensor) [Cza02]. Dieser stellt eine Weiterentwicklung des LDA dar und führt daher alle bekannten Vorteile des LDA fort. Die Verwendung von zwei unterscheidbaren Strahlenpaaren anstatt nur einem ermöglicht zusätzlich die Bestimmung der axialen Position des Streuteilchens innerhalb des Messvolumens. Dadurch kann ein linienförmiges (eindimensionales) Strömungsprofil erfasst werden. Gegenüber einem konventionellen LDA sind Orts- und Geschwindigkeitsauflösung um eine Größenordnung oder mehr erhöht. Somit wird ein 1842 entdeckter und 1964 erstmals für Laserlicht ausgenutzter Effekt durch technologische Weiterentwicklung in einem hochauflösendem Verfahren eingesetzt, mit welchem für das Jahr 2010 interessante wissenschaftlich-technologische Fragestellungen untersucht werden können. Ein wesentlicher Bestandteil dieser Arbeit ist der wissenschaftliche Nachweis hoher Geschwindigkeits- und Ortsauflösungen durch Strömungsmessungen. So wurde an einer Erdgasströmung eine relative Geschwindigkeitsauflösung $< 7 \cdot 10^{-4}$ gezeigt [Büt08] und ein Beitrag zu einer Mikrokanalmessung mit einer Ortsauflösung im Sub-

Mikrometerbereich geliefert[9] [Kön10]. Durch sein konzeptionell einfaches Grundprinzip und seine hohe Orts- und Geschwindigkeitsauflösung hat der Profilsensor ein Potential als universelles Messgerät, insbesondere für die genaue Auflösung von Grenzschichten. Das Ziel, ein vielfältig einsetzbares, verlässliches und in der Strömungsmesstechnik etabliertes „Produkt" zu erhalten, erfordert Arbeit auf folgenden Gebieten:

- Grundlagenforschung am Messsystem zur Erweiterung und Verbesserung der Messeigenschaften,

- Entwicklung am Sensor in Richtung Robustheit, einfache Bedienbarkeit und Anwendungsorientierung,

- Demonstration des Einsatzes in der fluidmechanischen Grundlagenforschung mit wissenschaftlich relevanten Ergebnissen,

- Demonstration des Einsatzes unter industriellen Bedingungen mit einer deutlichen Verbesserung gegenüber konventioneller Messtechnik.

Zu allen vier Punkten werden in dieser Dissertation wesentliche Beiträge geleistet:

	Angewandte Forschung	**Grundlagenforschung**
An der Strömung	*Erdgas-Durchflussmessung (Kapitel 4)* Ziel: verbesserte Geschwindigkeitsauflösung gegenüber LDA	*Messung eines turbulenten Grenzschichtprofils (Anhang A)* Ziel: Vergleich mit direkter numerischer Simulation
Am Messsystem	*Aufbau eines Messsystems zur Strömungsmessung an einem Kühlkreislauf (Kapitel 5)* Ziel: Robustheit, Bedienbarkeit, Anwendungsorientierung	*Laser-Doppler-Feldsensor zur zweidimensionalen Geschwindigkeitsfeldmessung (Kapitel 6)* Ziel: Erweiterung des Profilsensorprinzips auf zwei Dimensionen

Diese Arbeit ist wie folgt strukturiert:

In Kapitel 2 werden das Prinzip und der Aufbau des Profilsensors erläutert. Kapitel 3 beschreibt systematische Untersuchungen zum Erreichen von möglichst wandnahen Messungen. Kapitel 4 stellt den Einsatz eines Profilsensors zur Durchflussmessung am deutschen Durchflussnormal für Hochdruck-Erdgas vor. In Kapitel 5 wird ein Profilsensor-Messsystem für den Einsatz an einem nuklearen Kühlkreislaufmodell vorgestellt. Der in Kapitel 6 behandelte Feldsensor ist eine Erweiterung des Profilsensorprinzip und dient zur Messung des Strömungsgeschwindigkeitsfeldes in zwei Dimensionen.

---

[9]Bisher war eine Demonstration von Orts- und Geschwindigkeitsauflösungen in dieser Höhe nur bei Messungen an Kalibrierobjekten erfolgt.

Kapitel 2.

Der Laser-Doppler-Profilsensor

2.1. Die Laser-Doppler-Differenz-Technik

Das Differenz-Laser-Doppler-Anemometer beruht auf der Überlagerung von zwei kohärenten Laserstrahlen [Alb03]. Im Überlagerungsbereich bildet sich durch Interferenz ein Streifensystem von Orten hoher Lichtleistung und Orten niedriger Lichtleistung (Abb. 2.1(a)). Der Streifenabstand d berechnet sich aus der Wellenlänge λ und dem halben Kreuzungswinkel α zu

$$d = \frac{\lambda}{2\sin\alpha}. \tag{2.1}$$

Um die Strömungsgeschwindigkeit zu messen, wird das Fluid mit Streuteilchen versetzt, deren Durchmesser typischerweise im Mikrometerbereich liegt. Das an den das Messvolumen passierenden Teilchen gestreute Licht wird mittels eines Fotodetektors detektiert. Das als *Burstsignal* bezeichnete Detektorsignal zeigt eine Amplitudenmodulation mit der Dopplerfrequenz

$$f_D = \frac{v_x}{d}, \tag{2.2}$$

die proportional zur Geschwindigkeit v_x des Teilchens orthogonal zum Streifensystem ist. In Abb. 2.1(b) ist das idealisierte[1] Burstsignal eines Teilchens der Geschwindigkeit $1\,\mathrm{m/s}$ dargestellt, welches ein Streifensystem mit Streifenabstand $d = 5\,\mu\mathrm{m}$ und Breite $100\,\mu\mathrm{m}$ passiert. Die Enstehung des Burstsignals lässt sich auch über den Dopplereffekt erklären: Das Teilchen

(a) LDA-Steifensystem.   (b) Burstsignal.

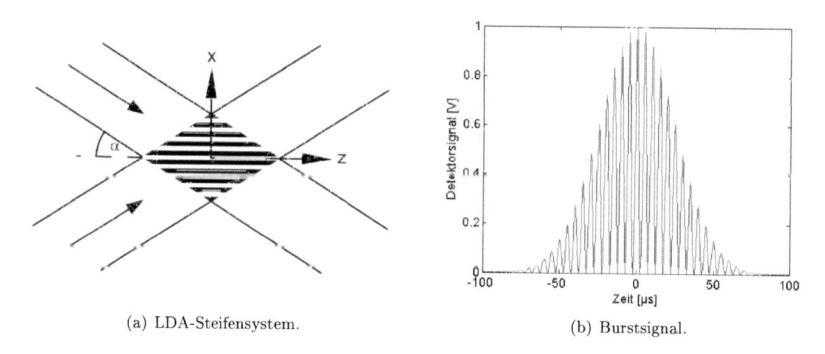

Abbildung 2.1.: Das LDA-Streifensystem, das durch Interferenz zweier Laserstrahlen entsteht, und das idealisierte Burstsignal eines Laser-Doppler-Anemometers.

---

[1] Idealisiert heißt hier zum einem, dass das Signal nicht rauschbehaftet ist. Zum anderen ist der Modulationsgrad 1, das heißt die Oszillationen reichen vom Maximum bis zur zum Signalwert Null. Reale Burstsignale weisen sowohl Rauschen als auch einen Modulationsgrad < 1 auf.

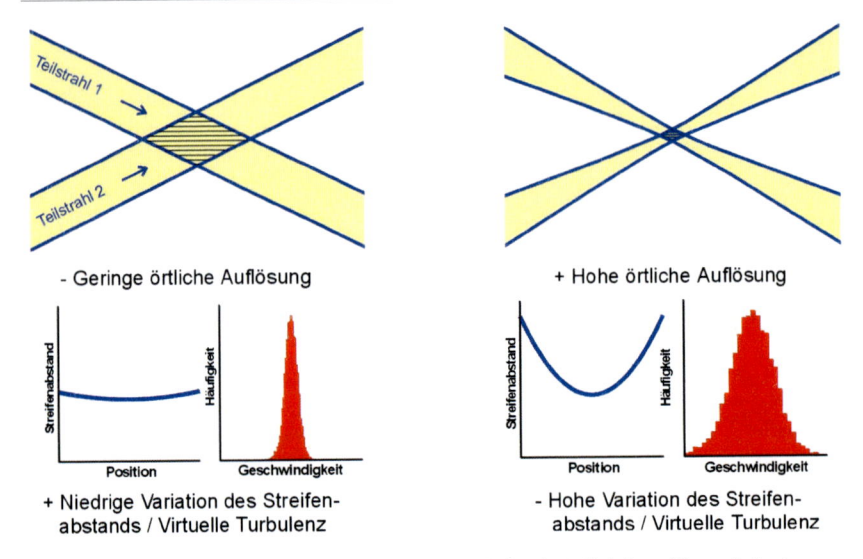

Abbildung 2.2.: Komplementarität zwischen Orts- und Geschwindigkeitsauflösung beim konventionellen Laser-Doppler-Anemometer.

streut das Licht der beiden Laserstrahlen. Das Steulicht ist in der Frequenz aufgrund der Bewegung des Teilchens gegenüber der Laserfrequenz verschoben. Das von den beiden Laserstrahlen stammende Streulicht interferiert auf dem Detektor, wobei die Schwebungsfrequenz genau der Dopplerfrequenz entspricht.

Zur Messung weiterer Geschwindigkeitskomponenten werden weitere Streifensysteme verwendet. Wenn Strömungsgeschwindigkeitsfelder gemessen werden sollen, muss das LDA-System mechanisch traversiert werden.

2.2. Limitierungen der konventionellen Laser-Doppler-Technik

Die Laser-Doppler-Anemometrie ist ein seit 1964 etabliertes Prinzip und hat sich als eines der Standardverfahren der Strömungsmesstechnik in Forschung und Technik durchgesetzt, was sich auch in den kommerziellen Angeboten zahlreicher Firmen widerspiegelt, die sich im Laufe der Jahrzehnte in Bezug auf Stabilität, Messbereich und Datenrate weiterentwickelt haben. Allerdings hat die LDA eine fundamentale Limitierung der erreichbaren Orts- und Geschwindigkeitsauflösung, die durch das Messprinzip bedingt ist. Diese Limitierung resultiert aus dem Divergenzverhalten der Gauß-Strahlen, die für den Aufbau des LDA verwendet werden. Die Divergenz eines Gauß-Strahls lässt sich durch das Strahlparameterprodukt aus dem Strahlradius w_0 und dem halben Fernfeld-Divergenzwinkel θ_{Div} angeben:

$$w_0 \theta_{\text{Div}} = \frac{\lambda}{\pi}. \qquad (2.3)$$

Die Strahlen erzeugen daher nicht, wie in Abb. 2.1(a) idealisiert dargestellt, ein Streifensystem mit exakt parallelen Streifen, sondern der Streifenabstand nimmt aufgrund der Wellenfrontkrümmung des Laserstrahls nach außen hin leicht zu. Der genaue Ort, an dem das Streuteilchen das Messvolumen passiert, ist unbekannt. Für die Bestimmung der Teilchengeschwindigkeit wird von einem festen Wert für den Streifenabstand ausgegangen Die Streifenabstandsvariation führt also bei einer Auswertung der Geschwindigkeit nach (2.2) zu einer Messunsicherheit der Geschwindigkeit. Sie wird mit stärkerer Fokussierung des Strahls größer. Da die Ortsauflösung durch die Größe des Messvolumens gegeben ist, herrscht somit eine Komplementarität zwischen Orts- und Geschwindigkeitsauflösung (siehe Abb. 2.2). In [Mil96a] findet sich eine Berechnungsvorschrift für die Streifenabstandsfunktion zweier sich kreuzender Gauß-Strahlen, deren Strahltaille exakt im Kreuzungspunkt liegt:

$$d(z) = \frac{\lambda}{2\sin\alpha}\left[1 + \left(\frac{z\cos\alpha}{z_R}\right)^2\right], \qquad (2.4)$$

wobei

$$z_R = \frac{\pi w_0^2}{\lambda} \qquad (2.5)$$

die Rayleighlänge der auf einen Radius w_0 fokussierten Gauß-Strahlen ist. Das LDA-Messvolumen hat die Form eines Ellipsoids. Als Maß für die Länge des Messvolumens wählt man den Bereich, an dem die Laserleistung auf $1/e^2$ der Maximalleistung abgefallen ist:

$$L = \frac{2w_0}{\sin\alpha}. \qquad (2.6)$$

Durch die Messvolumenlänge ist die Ortsauflösung des LDA in z-Richtung gegeben:

$$\Delta z = L. \qquad (2.7)$$

Der Messfehler der Geschwindigkeit durch die Streifenabstandsvariation an der Grenzen des Messvolumens $(-L/2, +L/2)$ beträgt

$$\frac{\Delta v_x}{v_x} = \frac{\Delta d}{d} = \frac{d(-L/2) - d(0)}{d(0)} = \frac{d(+L/2) - d(0)}{d(0)}. \qquad (2.8)$$

Damit ergibt sich folgende Komplementaritätsbeziehung zwischen Ortsauflösung und relativer Geschwindigkeitsauflösung:

$$\left(\frac{\Delta z}{\lambda}\right)^2 \frac{\Delta v_x}{v_x} = \frac{4}{\pi^2}\frac{\cos^2\alpha}{\sin^4\alpha}. \qquad (2.9)$$

Die Messunsicherheit der Geschwindigkeit führt in der Strömungsmessung zu einem erhöht gemessenen Wert für die Geschwindigkeitsfluktuation und wird daher als *virtuelle Turbulenz* bezeichnet. Gleichung (2.9) gilt nur für den Fall, dass die Strahltaillen tatsächlich exakt im Kreuzungspunkt der Strahlen liegen. Dieser Fall ist in der Praxis schwierig zu erreichen. Daher liegt die Messunsicherheit der Geschwindigkeit für reale Aufbauten häufig noch deutlich über dem in (2.9) genannten Wert. Die Unschärfe zwischen Ort und Geschwindigkeit lässt sich nur verringern, indem steile Kreuzungswinkel und kleine Wellenlängen verwendet werden. Die Größe des Kreuzungswinkels ist in der Regel durch die Anwendung begrenzt. So sind Winkel $\alpha > 45°$ in der Regel nicht in der Praxis anwendbar. Die verwendete Wellenlänge ist durch die vorhandenen Laser begrenzt. Die in der Praxis verwendeten Laser haben in der Regel eine Wellenlänge $\lambda > 476\,\text{nm}$. Es wurden zwar bereits Interferenzstreifensysteme mit Röntgenlasern zu Lithographiezwecken erzeugt [Sol07]. Allerdings stellt die Verwendung von Röntgenlasern für LDA-Anwendungen aufgrund der Komplexität ihres Aufbaus eine große Herausforderung dar.

Insbesondere für steile Grenz- und Scherschichten ist eine sehr hohe Ortsauflösung erforderlich. Eine zu geringe Ortsauflösung führt zu einer Glättung des gemessenen Profils gegenüber dem realen Profil. Dieses bringt ein generell breiter gemessenes Grenzschichtprofil und, durch den Verlust höherer Ortsfrequenzen, einen Informationsverlust insbesondere im Bereich steiler Profilkanten mit sich.

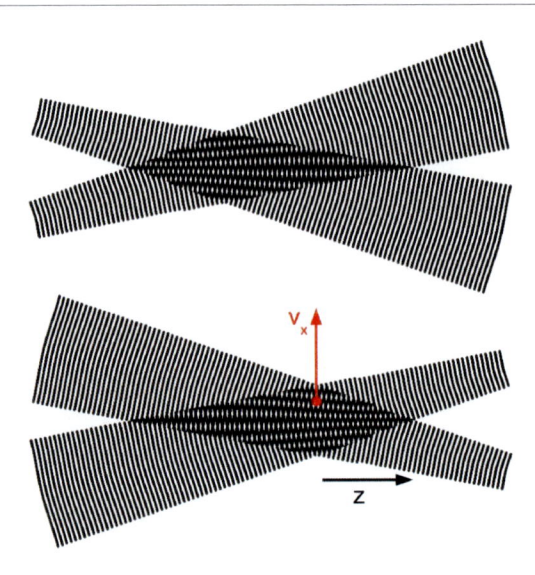

Abbildung 2.3.: Prinzip des Laser-Doppler-Profilsensors. Ein konvergentes und ein divergentes Streifensystem sind im Messvolumen überlagert. Dies ermöglicht die Bestimmung der Teilchengeschwindigkeit v_x und der Teilchenposition z im Messvolumen.

2.3. Prinzip des Laser-Doppler-Profilsensors

Der Laser-Doppler-Profilsensor umgeht diese Beschränkung der Orts- und Geschwindigkeitsauflösung, indem er den für ein konventionelles LDA störenden Effekt der Wellenfrontkrümmung ausnutzt. Statt eines Streifensystems mit nahezu parallelen Streifen werden zwei im Messvolumen überlagerte unterscheidbare Streifensysteme verwendet. Der Fokus der Strahlen, die das erste Streifensystem bilden, befindet sich vor dem Kreuzungspunkt, während der Fokus der Strahlen, die das zweite Streifensystem bilden, hinter dem Kreuzungspunktes platziert ist[2]. Dadurch ergeben sich ein Interferenzstreifensystem mit konvergierenden Streifen und eines mit divergierenden Streifen (siehe Abb. 2.3). Zur Kalibrierung des Sensors werden die Streifenabstände in x-Richtung $d_1(z)$ und $d_2(z)$ der beiden Streifensysteme in Abhängigkeit von der Position z bestimmt. In der Strömungsmessung sendet jedes Teilchen beim Passieren des Messvolumens mit den beiden Streifensystemen zwei Bursts mit den Dopplerfrequenzen f_1 und f_2 aus. Mit Hilfe der von v_x unabhängigen Ortskalibrierfunktion

$$q(z) = \frac{d_1(z)}{d_2(z)} = \frac{f_2}{f_1} \qquad (2.10)$$

kann aus den beiden Dopplerfrequenzen die Position z des Streuteilchens bestimmt werden. Durch den ermittelten Ort können die lokalen Streifenabstände $d_1(z)$ und $d_2(z)$ bestimmt werden. Die Teilchengeschwindigkeit v_x ergibt sich damit zu

$$v_x = f_1 d_1(z) = f_2 d_2(z). \qquad (2.11)$$

Somit ist eine gleichzeitige Bestimmung der Geschwindigkeitskomponente v_x und des Ortes

---
[2]Im Allgemeinen werden die Strahltaillen um die Rayleigh-Länge $z_R = \pi w_0^2/\lambda$ relativ zum Kreuzungspunkt der Strahlen verschoben.

Kapitel 2. Der Laser-Doppler-Profilsensor

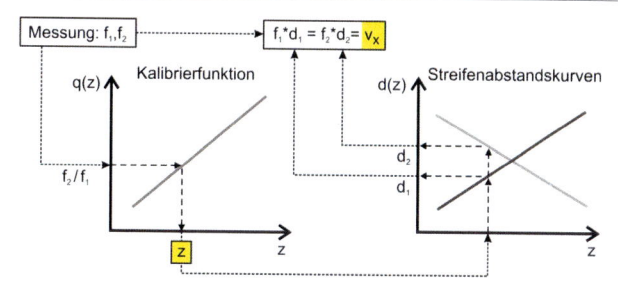

Abbildung 2.4.: Schema zur Positions- und Geschwindigkeitsbestimmung aus den Dopplerfrequenzen f_1 und f_2.

z innerhalb des Messvolumens möglich. Abbildung 2.4 zeigt das Schema zur Bestimmung der Position z und der Geschwindigkeit v_x aus den Dopplerfrequenzen f_1 und f_2. Mit der Steigung $\mathrm{d}q/\mathrm{d}z$ der Kalibrierfunktion und der Standardabweichung σ_{f_D} bei der Frequenzmessung können die Orts- und Geschwindigkeitsauflösung des Sensors abgeschätzt werden ([Cza02]):

$$\sigma_z = \sqrt{2}\left|\frac{\mathrm{d}q}{\mathrm{d}z}\right|^{-1}\frac{\sigma_{f_D}}{f}, \qquad (2.12)$$

$$\frac{\sigma_{v_x}}{v_x} = \sqrt{\frac{3}{2}}\frac{\sigma_{f_D}}{f_D}. \qquad (2.13)$$

Gegenüber einem konventionellen LDA hat der Profilsensor eine um eine Größenordnung oder mehr verbesserte Orts- und Geschwindigkeitsauflösung.

Auf dem Profilsensorprinzip basierende Sensoren wurden bereits zur Strömungsmessung in vielen unterschiedlichen Bereichen eingesetzt [Büt05, Shi05, Shi06b, Shi06a, Shi08, Büt08, Voi08, Bay08, Neu09, Kön10, Shi10]. Ein weiteres wichtiges Einsatzfeld ist die gleichzeitige Geschwindigkeits- und Abstandsmessung von rotierenden Festkörpern [Pfi05a, Büt06b, Pfi06, Pfi08, Gün08, Pfi09], die insbesondere für Turbomaschinen und die Fertigungstechnik relevant ist. Eine in dieser Arbeit nicht diskutierte Variante des Profilsensor beruht auf zwei gegeneinader verkippten parallelen Streifensystemen. Zur axialen Positionsbestimmung wird die relative Phase der beiden Burstsignale verwendet. Auch dieses Verfahren wurde sowohl zur Strömungsmessung [Büt03b] als auch zur Vermesssung von rotierenden Festkörpern [Gün09, Pfi10] eingesetzt.

2.4. Aufbau des Laser-Doppler-Profilsensors und Multiplextechniken

Zur Unterscheidung der beiden Streifensysteme wurden drei verschiedene Methoden eingesetzt:

- Wellenlängenmultiplex (WDM[3]): Unterscheidung der Streifensysteme durch Verwendung stark unterschiedlicher Wellenlängen,
- Frequenzmultiplex (FDM[4]): Unterscheidung der Streifensysteme durch Verwendung von Strahlen geringfügig unterschiedlicher Frequenzen,
- Zeitmultiplex (TDM[5]): Unterscheidung durch abwechselndes An-und Ausschalten der Streifensysteme.

---
[3]WDM = wavelength division multiplexing
[4]FDM = frequency division multiplexing
[5]TDM = time division multiplexing

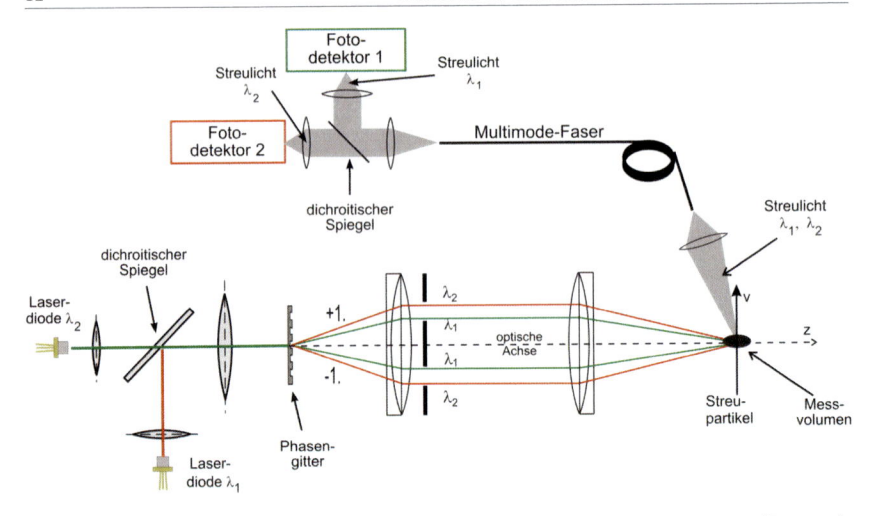

Abbildung 2.5.: Profilsensor mit Wellenlängenmultiplex unter Verwendung eines Gitters als Strahlteiler.

Daraus ergaben sich für die im Rahmen dieser Arbeit eingesetzten Sensoren vier Konstruktionsprinzipien:

1. Wellenlängenmultiplexsensor (WDM-Sensor) mit Gitterstrahlteiler,
2. Frequenzmultiplexsensor (FDM-Sensor) mit vier separaten Sendemodulen,
3. Wellenlängenmultiplexsensor (WDM-Sensor) mit Frequenzverschiebung und vier separaten Sendemodulen,
4. Zeitmultiplexsensor (TDM-Sensor) mit Gitterstrahlteiler.

Beim Wellenlängenmultiplexsensor mit Gitterstrahlteiler (Abb. 2.5) wird das Licht zweier Laserquellen (z. B. Diodenlaser) zunächst separat kollimiert, mit einem dichroitischen Spiegel überlagert, und dann mittels einer Linse auf ein Gitter abgebildet. Das Gitter dient als Strahlteiler, wobei alle Beugungsordnungen außer der 1. und -1. ausgeblendet werden. Durch eine weitere Teleskopabbildung werden die divergierenden Strahlen zunächste parallelisiert und dann im Messvolumen überlagert. Durch Verschiebung der zwei Kollimierlinsen entlang der Strahlachse werden die divergierenden bzw. konvergierenden Streifensysteme erzeugt. Durch Verkippung des dichroitischen Spiegels werden die Strahlen auf dem Gitter überlagert. Wenn dies erreicht ist, gewährleistet der übrige Aufbau eine automatische Überlagerung aller Strahlen in einem Messvolumen. Die Trennung der beiden Burstsignale erfolgt optisch, zum Beispiel mittels einer Detektionsoptik, die einen dichroitischen Spiegel verwendet. Die Lichtsignale werden über zwei Fotodetektoren in elektrische Signale umgewandelt. Vorteile dieses Aufbaus sind seine Kompaktheit und, bei Verwendung von Laserdioden, sein günstiger Preis. Außerdem können in der Regel schmalbandige Detektoren eingesetzt werden, da keine Trägerfrequenzen verwendet werden. Allerdings bringt der Aufbau, da die Frontlinse von den Strahlen weit außerhalb des Mittelpunktes durchtreten wird, ein erhöhtes Maß an Aberrationen mit sich. Der Richtungssinn kann nicht

Kapitel 2. Der Laser-Doppler-Profilsensor

(a) Frequenzmultiplex.

(b) Wellenlängenmultiplex.

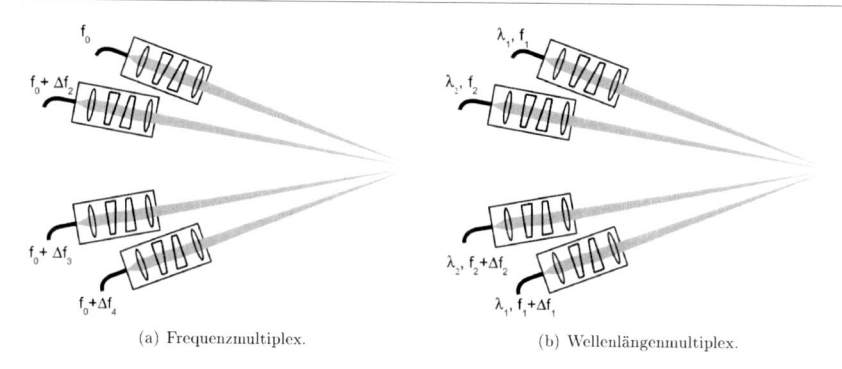

Abbildung 2.6.: Aufbau des Frequenzmultiplexsensors und des Wellenlängenmultiplexsensors mit vier separaten Sendemodulen.

aus dem Burstsignal erkannt werden[6], und der Gleichanteil[7] gelangt grundsätzlich mit auf den AD-Wandler (siehe Abschnitt 2.6). Ein wesentliches Problem bei der Anwendung von Wellenlängenmultiplex ist Dispersion. Diese kann, z. B. wenn in einer Flüssigkeit oder durch ein dickes Fenster gemessen wird, aufgrund des Strahlversatzes zu einer Änderung der Kalibrierfunktion führen. Im Extremfall können die Strahlüberlagerungsbereiche der beiden verwendeten Wellenlängen so stark gegeneinander verschoben werden, dass keine Überlappung vorhanden ist. Sensoren, die auf diesem Prinzip basieren, wurden der Vermessung der turbulenten Kanalströmung (Anhang A) und als Teil des Laser-Doppler-Feldsensors (Kapitel 6) eingesetzt, wo Dispersion nicht relevant ist bzw. die Verwendung schmalbandiger Detektoren vorteilhaft ist.

Beim Frequenzmultiplexsensor mit vier separaten Sendemodulen wird eine einzelne Strahlquelle eingesetzt, aus der mittels akusto-optischer Modulatoren vier Strahlen mit leicht unterschiedlichen Frequenzen erzeugt werden. Diese werden in separate Singlemode-Fasern eingekoppelt und zu vier einzelnen Sendemodulen geleitet (siehe Abb. 2.6(a)). Die Module bestehen aus je einer Kollimierlinse, einer Fokussierlinse und zwei Prismen zur Steuerung der Strahllage. Mit Hilfe der Prismen können die Strahlen exakt in einem Messvolumen überlagert werden. Zur Strahltaillenverschiebung dient wieder die in Strahlrichtung verschiebbare Kollimierlinse, die in jedem Modul einmal vorhanden ist. Aufgrund der unterschiedlichen Frequenzen, die die Strahlen eines Strahlenpaares aufweisen, hat man keine stillstehenden Streifensysteme, sondern zwei sich mit unterschiedlicher Geschwindigkeit bewegende Streifensysteme. Im Gegensatz zu Sensoren, die auf Wellenlängenmultiplex beruhen, wird nur ein einzelner Fotodetektor verwendet. Allerdings eine höhere Bandbreite, was in der Regel ein erhöhtes minimales NEP mit sich bringt[8]. Das Herausfiltern der Burstsignale, die zu den beiden Streifensystemen gehören, kann über eine elektronische Mischerschaltung oder über die Signalverarbeitung im PC geschehen. Der Aufbau ist aufgrund der verwendeten AOMs deutlich komplexer und weniger kompakt als der Wellenlängenmultiplexsensor mit Gitter und ist in der Justage deutlich schwieriger zu handhaben, da

---

[6] Eine Richtungsinnerkennung kann bei einem LDA ohne Trägerfrequenz dennoch ermöglicht werden, wenn zwei leicht gegeneinander versetzte Streifensysteme eingesetzt werden, deren Streulichtsignale mittels Quadraturtechnik ausgewertet werden [Büt03a].

[7] Mit Gleichanteil ist hier nicht ein Offset, sondern der Peak um den Frequenzwert „0" gemeint.

[8] NEP = noise equivalent power = rauschäquivalente Leistung. Der Wert $NEP^2 f_{BW}$ gibt das Quadrat der Signallichtleistung P^2 an, die auf den Detektor treffen muss, damit ein SNR von 1 erreicht wird. Hierbei bezeichnet f_{BW} die (äquivalente) Rauschbandbreite. Das minimale NEP ist in erster Linie durch das Rauschen der ersten Verstärkerstufe, die den Fotostrom in eine Spannung umwandelt (Transimpedanzstufe), bedingt. Um eine hohe Bandbreite zu gewährleisten, muss ein niedriger Widerstand für diese Verstärkerstufe gewählt werden. Dies führt aber zu einem erhöhten thermischen Stromrauschen $\sigma_{i_{th}}^2 = 4k_B T f_{BW}/R$, siehe [Kön07].

jeder Strahl einzeln justiert werden muss. Der Vorteil ist, dass eine einzelne Strahlquelle mit einer Wellenlänge verwendet werden kann. Damit treten keine Dispersionseffekte auf. Außerdem werden alle Linsen mittig durchschritten, was eine Beugungsmaßzahl nahe 1 mit sich bringt[9]. Eine Richtungssinnerkennung ist möglich, da die zu den einzelnen Streifensystemen gehörenden Burstsignale trägerfrequenzbehaftet sind. Bei Verwendung einer Mischerschaltung kann der Gleichanteil des Signals elektronisch gefiltert werden, bevor das Signal digitalisiert wird. Ein Profilsensor, der auf diesem Prinzip basiert, wurde für die Erdgasdurchflussmessung (Kapitel 4) eingesetzt, wo durch eine 4 cm dicke Glasscheibe hindurch gemessen werden musste und daher Dispersioneffekte zu vermeiden waren.

Abbildung 2.6(b) zeigt den Aufbau eines Wellenlängenmultiplexsensors mit Frequenzverschiebung und vier separaten Sendemodulen. Es wird Laserlicht zweier unterschiedlicher Wellenlängen eingesetzt, wobei AOMs verwendet werden, damit die zusammengehörigen Strahlen jeweils leicht frequenzverschoben sind. Dementsprechend kombiniert dieser Messaufbau die jeweiligen Vor- und Nachteile des Wellenlängenmultiplexsensors mit Gitterstrahlteiler und des Frequenzmultiplexsensors mit vier separaten Sendemodulen. Ein auf diesem Prinzip basierendes System wurde für die Strömungsmessung an einem Kühlkreislaufmodell (Kapitel 5) aufgebaut und eingesetzt, wo keine merklicher Einfluss durch Dispersion auftrat und außerdem die Erkennung des Richtungssinns ermöglicht werden sollte.

An dieser Stelle sei auch noch kurz der auf Zeitmultiplex beruhende Profilsensor mit Gitterstrahlteiler erwähnt, der aber kein Hauptbestandteil dieser Arbeit ist. Er beruht auf dem in Abb. 2.5 gezeigten Aufbau. Allerdings wird statt der Laserdioden unterschiedlicher Wellenlänge Licht einer Wellenlänge von einem einzelnen Laser eingesetzt. Das zu den beiden Streifensystemen gehörende Licht wird dabei abwechselnd mit akusto-optischen Modulatoren an- und ausgeschaltet, wobei die Abtastung des detektierten Burstsignals synchron erfolgt, so dass stets abgetastet wird, während ein Streifensystem aktiv und das andere inaktiv ist. Somit gehören die ungeraden Datenpunkte des Burstsignals zum ersten Streifensystem und die geraden Datenpunkte zum zweiten Streifensystem. Der große Vorteil des Aufbaus, nämlich die Vermeidung von Dispersionseffekten, bringt den Preis eines erheblich komplexeren Systems mit sich. Der auf Zeitmultiplexing beruhende Profilsensor wurde für die Mikrofluidik eingesetzt (Abschnitt B.1), um Dispersionseffekte zu vermeiden. Die Vor- und Nachteile der einzelnen Aufbauten sind in Tabelle 2.1 zusammengefasst.

	WDM mit Gitter	FDM mit Einzelmodulen	WDM mit AOM und Einzelmodulen	TDM mit Gitter
Aufbau	kompakt	komplex	komplex	komplex
Anz. der λ	2	1	2	1
Fotodetektoren	2	1	2	1
Dispersion	ja	nein	ja	nein
Messkopfjustage	einfach	aufwändig	aufwändig	einfach
Richtungssinnerk.	nein	möglich	möglich	nein
Linsendurchtritt	dezentral	zentral	zentral	dezentral
Gleichanteilspeak	ja	filterbar	filterbar	ja

Tabelle 2.1.: Vor- und Nachteile verschiedener Profilsensoraufbauten. WDM: Wellenlängenmultiplex, FDM: Frequenzmultiplex, TDM: Zeitmultiplex.

---

[9] Die Beugungsmaßzahl ist ein Maß für die Anzahl der im Strahl enthaltenen transversalen Moden und gibt damit an, wie gut ein Strahl fokussiert werden kann. Sie ist über den halben Fernfeld-Divergenzwinkel θ_Div eines auf den Radius w_0 fokussierten Laserstrahls definiert: $M^2 = \pi w_0 \theta_\text{Div}/\lambda$. Für einen Gauß-Strahl ist $M^2 = 1$.

2.5. Detektion in Vorwärts-, Rückwärts- und Seitwärtsstreuung

Eine wesentliche Bedeutung kommt dem Aufbau der Detektionsoptik zu, welche für dem Empfang des am Teilchen gestreuten Lichtes verwendet wird. Abbildung 2.7 stellt ein typisches Streulichtpolardiagramm dar, das die Streulichtverteilung bei elastischer Mie-Streuung von Licht der Wellenlänge 532 nm an einem DEHS(Di-Ethyl-Hexyl-Sebacat)-Teilchen (Brechungsindex: 1,4545) mit Durchmesser 1 µm zeigt. Die Streulichtleistung ist in Vorwärtsrichtung (Streuwinkel 0°) am Größten, während die Streukeule in Rückwärtsrichtung (Streuwinkel 180°) um etwa einen Faktor 100 schwächer ist. Die Streuung in Seitwärtsstreuung bei 90° ist um etwa einen Faktor 200 schwächer als in Vorwärtsrichtung. Diese exemplarischen Werte verdeutlichen die allgemein vorzufindende Tendenz, dass bei den üblicherweise verwendeten Teilchenmaterialien, Teilchengrößen und Lichtwellenlängen die Streuung in Rückwärtsrichtung weitaus schwächer ist als in Vorwärtsrichtung und dass die Seitwärtsstreuung in der Regel etwas geringer ausfällt als die Rückwärtsstreuung.

Neben der Streulichtleistung bestimmen allerdings noch weitere Faktoren die optimale Positionierung der Empfangseinheit. Zum einen muss ein optischer Zugang zur Strömung für den gewünschten Detektionswinkel vorhanden sein. Bei der Messung an opaken Wänden sind daher z. B. Detektionswinkel < 90° nicht möglich. In manchen Fällen ist nur ein optischer Zugang durch ein einzelnes Fenster vorhanden, was den Detektionswinkel auf einen Bereich um 180° herum einschränkt. In einigen Fällen muss die Blendeneigenschaft der Detektionsoptik ausgenutzt werden, um unerwünschtes Streulicht, das von den auf eine Wand auftreffenden Sendestrahlen stammt, auszublenden. Dies ist nur effektiv, wenn der Detektionswinkel nicht zu weit von Seitwärtsstreuung im 90°-Winkel entfernt ist. Eine detaillierte Untersuchung zu diesem Phänomen findet sich in Kapitel 3. Als letzter Punkt sei noch ein Vorteil von Rückwärtsstreuung erwähnt, der auch bei kommerziellen Systemen zum Einsatz kommt: Die Detektionseinheit kann direkt in die Sendeeinheit zu einem kompakten Modul integriert werden, wobei Teile des Linsensystems gleichzeitig für Sendeoptik und Detektionsoptik eingesetzt werden können. Der Vorteil besteht neben einem geringeren Platzverbrauch darin, dass eine synchrone Traversierung von Sende- und Detektionseinheit bei Änderung des Messortes automatisch gewährleistet ist. Die Vor- und Nachteile der drei Detektionsrichtungen sind in Tabelle 2.2 zusammengefasst.

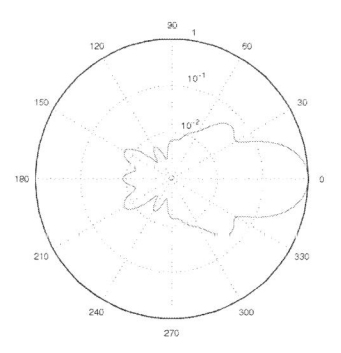

Abbildung 2.7.: Streucharakteristik bei Streuung von Licht der Wellenlänge 532 nm an einem 1 µm großen DEHS-Teilchen. Der Winkel 0° markiert die Lichtstreuung in Richtung des einfallenden Strahls (Vorwärtsrichtung). Das Maximum der Streukeule in Vorwärtsrichtung ist auf 1 normiert. (Simulation mit ScatLab.)

	vorwärts	rückwärts	seitwärts
Streulichtleisung	hoch	mittel	gering
Optischer Zugang	unmöglich bei opaker Wand	immer möglich	geometrieabhängig
Blendeneigenschaft	nicht nutzbar	nicht nutzbar	nutzbar
Integriertes Modul	nein	ja	nein

Tabelle 2.2.: Einfluss des Winkels der Detektionsoptik.

2.6. Signalverarbeitung auf FFT- und QDT-Basis und Datenauswertung

Die Signalverarbeitung dient der Bestimmung der Dopplerfrequenzen der beiden empfangenen Burstsignale. Die auch bei kommerziellen LDA-Systemen am weitesten verbreiteten Algorithmen basieren auf der schnellen Fourier-Transformation (FFT). In Abb. 2.8(a) ist ein verrauschtes Burstsignal dargestellt, das von einem Streifensystem ohne Trägerfrequenz stammt. Abbildung 2.8(b) zeigt die Fourier-Transformierte des Signals. Es sind drei Peaks zu erkennen, deren Herkunft sich an der mathematischen Beschreibung eines (rauschfreien) Burstsignals erkennen lässt [Alb03]:

$$s(t) = A_0 \exp(-(4t/T_0)^2) \frac{1 + \cos(2\pi f_D t)}{2}$$
$$= \frac{A_0}{2} \exp(-(4t/T_0)^2) + \frac{A_0}{4} \exp(-(4t/T_0)^2) \exp(j2\pi f_D t) + \frac{A_0}{4} \exp(-(4t/T_0)^2) \exp(-j2\pi f_D t). \quad (2.14)$$

Dabei ist A_0 die Burst-Amplitude und T_0 die volle $1/e^2$-Dauer des Burstsignals. Die Fouriertransformation des ersten Terms erzeugt einen gaußförmigen, zentralen Gleichanteilspeak, der nicht für die weitere Auswertung benötigt wird. Die Fouriertransformationen des zweiten und dritten Terms sind gaußförmige Peaks im positiven bzw. negativen Frequenzspektrum, wobei die Zentren der Peaks bei $+f_D$ bzw. $-f_D$ liegen. Da das Zeitsignal reell ist, ist sein Spektrum symmetrisch. Für Teilchen, die das Messvolumen weit außerhalb des Zentrums passieren, dominiert der Gleichanteil deutlich über den modulierten Anteil. Dies kann bei WDM-Aufbauten die Datenrate herabsetzen, da Signale getriggert und zunächst weiterverarbeitet werden, die fast oder ganz unmoduliert sind und daher nicht validiert werden. Für einen Aufbau, der die Trägerfrequenz f_T verwendet, hat das Burstsignal die Form

$$s(t) = A_0 \exp(-(4t/T_0)^2) \frac{1 + \cos(2\pi(f_T + f_D)t)}{2}. \quad (2.15)$$

Die Frequenz f_M, die zum Mischen eingesetzt wird, kann mit einer beliebigen Frequenz $0 \leq f_M \leq f_T$ erfolgen. Hier sei der Fall $f_M = f_T$ betrachtet. Durch Multiplikation von (2.15) mit $\cos(2\pi f_T)$ erhält man das Signal

$$s_M(t) = A_0 \exp(-(4t/T_0)^2) \left(\frac{\cos(2\pi f_T)}{2} + \frac{\cos(2\pi f_D t) + \cos(2\pi(2f_T + f_D)t)}{4} \right). \quad (2.16)$$

Durch das Mischen wird also der ursprüngliche Gleichanteil von der Nullposition verschoben. Nach einer anschließenden Tiefpassfilterung mit einer Grenzfrequenz deutlich unterhalb f_T hat das Signal die Form

$$s_{TP}(t) = \frac{A_0}{4} \exp(-(4t/T_0)^2) \cos(2\pi f_D t)$$
$$= \frac{A_0}{8} \exp(-(4t/T_0)^2) \exp(j2\pi f_D t) + \frac{A_0}{8} \exp(-(4t/T_0)^2) \exp(-j2\pi f_D t). \quad (2.17)$$

KAPITEL 2. DER LASER-DOPPLER-PROFILSENSOR

(a) Burstsignal ohne Träger.

(b) FFT von 2.8(a).

(c) Heruntergemischtes Burstsignal.

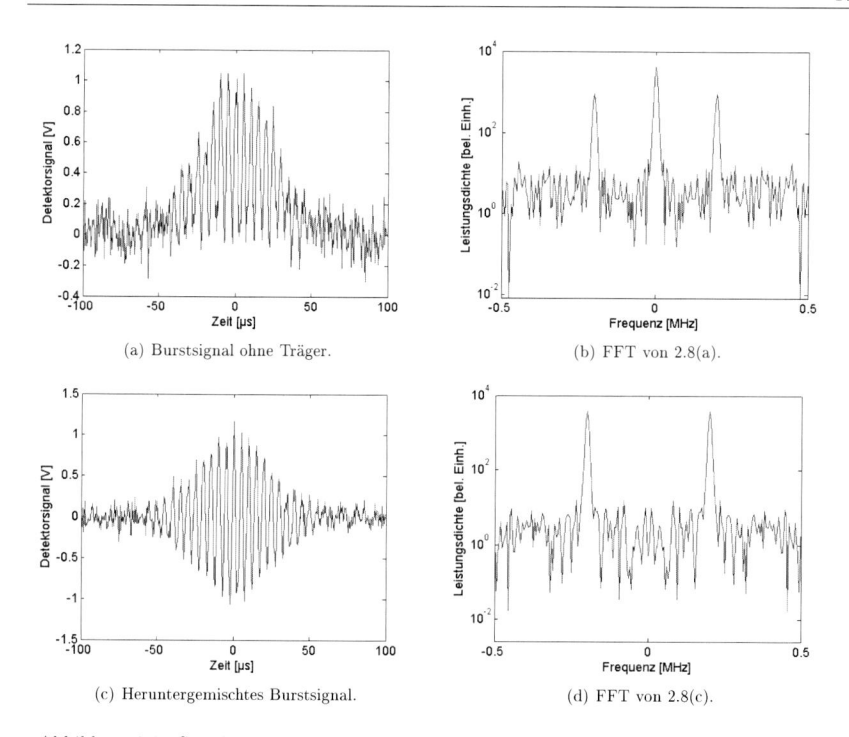

(d) FFT von 2.8(c).

Abbildung 2.8.: Simulierte rauschbehaftete Burstsignale und deren Leistungsdichtespektren.

Durch das Mischen und Filtern ist das Signal gleichanteilsfrei. Abbildung 2.8(c) zeigt das Burstsignal eines trägerfrequenten Aufbaus nach dem Mischen und Tiefpassfiltern. In Abb. 2.8(d) ist die Fouriertransformation dargestellt.

Für die volle $1/e^2$-Breite Δf_{FT} des Doppler-Peaks eines Burstsignals im Frequenzspektrum gilt die folgende Beziehung

$$\frac{\Delta f_{\text{FT}}}{f_D} = \frac{4}{\pi}\frac{1}{n_{\text{Str}}}, \qquad (2.18)$$

wobei n_{Str} die Anzahl der Streifen innerhalb der $1/e^2$-Breite des Bursts sind. Eine höhere Streifenanzahl bringt einen schmaleren Peak mit sich, dessen Zentrum sich (bei einem rauschbehafteten Signal) genauer bestimmen lässt. Um eine optimale Geschwindigkeit bei der Signalverarbeitung zu garantieren, erfolgt die Ermittlung der Dopplerfrequenz über einen parabolischen Fit im logarithmierten Spektrum. Die Lage des Parabelscheitels ermöglicht eine Auswertung mit einer Genauigkeit unterhalb der Diskretisierung der Frequenzachse. Der FFT-Algorithmus gewährleistet sowohl eine hohe Verarbeitungsgeschwindigkeit als auch eine hohe Genauigkeit bei der Bestimmung der Dopplerfrequenz f_D.

Ein weiterer verwendeter Algorithmus beruht auf einer Kombination von FFT und QDT (Quadraturdemodulationstechnik [Cza98, Cza00, Cza01, Bay08]). Hier wird zunächst die FFT des Signals ermittelt. Anschließend wird das Signal im Frequenzspektrum mittels eines adaptiven Bandpasses gefiltert, der nur den Frequenzpeak im positiven Spektrum passieren lässt. Das so erhaltene Spektrum wird nun invers Fourier-transformiert. Dies ergibt ein komplexwertiges Zeit-

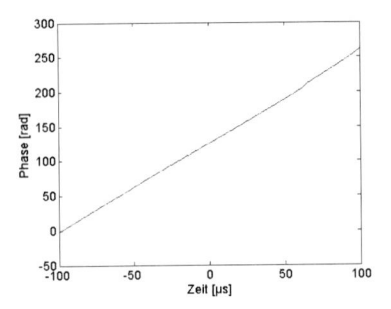

Abbildung 2.9.: Phasenverlauf des mittels kombiniertem FFT-QDT-Algorithmus aus 2.8(b) erhaltenen komplexen Zeitsignals. Durch Differenziation erhält man die Momentanfrequenz $f_D(t)$.

signal, wobei die Momentanphase (siehe Abb. 2.9) verwendet wird, um durch Differenziation die Momentanfrequenz $f_D(t)$ zu erhalten. Durch Kenntnis der zeitabhängigen Dopplerfrequenz lassen sich zusätzlich Informationen über die Beschleunigung des Teilchens in x-Richtung und über die Geschwindigkeitskomponente in z-Richtung erhalten [Büt06a, Bay08]. Mit der FFT-QDT-Technik lassen sich ähnliche Genauigkeiten erreichen wie mit der FFT. Der zusätzliche Informationsgewinn über die Momentanfrequenz bedingt aber einen erhöhten Rechenaufwand bei der Signalverarbeitung.

Die Signalvalidierung für beide Verfahren, das heißt die Selektion, ob das ausgewertete Burstsignal als ein gültiges Teilchensignal gewertet wird, erfolgt in mehreren Schritten. Zum einen erfolgt ein Koinzidenztest, ob die zu den beiden Streifensystemen gehörenden Burstsignale zeitlich maximal eine halbe Burstlänge voneinander getrennt sind. Außerdem wird eine Schwelle bezüglich des minimalen Signal-Rausch-Verhältnisses (SNR) gesetzt. Ebenso kann eine Schwelle bezüglich der Mindesthöhe des ausgewerteten Fourier-Peaks im Vergleich zum Rauschuntergrund gesetzt werden. Ferner muss die ermittelte Teilchenposition innerhalb des verwendeten Messvolumens liegen.

Für die minimal erreichbare zufällige Messabweichung bei der Frequenzbestimmung lässt sich eine untere theoretische Schranke angeben, die Cramér-Rao-Grenze [Rao45, Cra99, Cza96]. Diese beträgt für die Auswertung eines mit bandbegrenztem weißem Rauschen behafteten Burstsignals

$$\frac{\sigma_{f_D}}{f_D} = \frac{\sqrt{3}/\pi}{\sqrt{\text{SNR} N_{\text{Sa}} T_0 f_D}}. \qquad (2.19)$$

Hier steht SNR = S/N für das (nicht-logarithmierte) Verhältnis zwischen Signalenergie S und Rauschenergie N und N_{Sa} für die Anzahl statistisch unabhängiger Datenpunkte der Abtastung. Dabei wird von bandbegrenztem weißem Rauschen ausgegangen. Die Rauschenergie beträgt

$$N = N_f f_{\text{BW}} T_0, \qquad (2.20)$$

wobei N_f die spektrale Rauschleistungsdichte ist. Aufgrund des angenommenen weißen Rauschens ist sie freqenzunabhängig. Die maximale Anzahl an statistisch unabhängigen Datenpunkten N_{max} bei einer äquivalenten Rauschbandbreite von f_{BW} ist

$$N_{\text{max}} \approx T_0 f_{\text{BW}} = \frac{4}{\pi} \frac{f_{\text{BW}}}{\Delta f_{\text{FT}}}. \qquad (2.21)$$

Die Streifenanzahl n_{Str} ist durch die Anzahl der Oszillationen während der Burstdauer T_0 gegeben:

$$f_D T_0 = n_{\text{Str}}. \tag{2.22}$$

Damit erhält man für die Cramér-Rao-Grenze bei optimaler Abtastung $N_{\text{Sa}} = N_{\text{max}}$ den Ausdruck

$$\frac{\sigma_{f_D}}{f_d} = \frac{\sqrt{3/4\pi}}{\sqrt{S/(N_f \Delta f_{\text{FT}} T_0) n_{\text{Str}}}}. \tag{2.23}$$

Aus dieser Formel zeigt sich, dass eine geringe Messunsicherheit zum einen durch eine große Streifenzahl bedingt ist, da diese einen schmalen Fourier-Peak verursacht. Zum anderen ist ein großes Verhältnis der Signalenergie des Fourier-Peaks S zu der *unter dem Peak* liegenden Rauschenergie $N_f \Delta f_{\text{FT}} T_0$ notwendig. Das SNR allein ist also keine signifikante Größe, da es die gesamte Rauschenergie berücksichtigt, während die Rauschenergie, die außerhalb des Frequenzbereichs des Fourierpeaks liegt, nicht die Messunsicherheit beeinflusst.

Die Streuteilchen sind statistisch in der Strömung verteilt. Daher liefert eine Profilsensormessung eine Kollektion von Datenpunkten (z, v_x), von denen jeder das validierte Burstsignal eines Streuteilchens repräsentiert. Zur statistischen Auswertung werden die Datenpunkte auf der Ortsachse in Slots eingeteilt. Aus den Datenpunkten innerhalb eines Slots erfolgt die Bestimmung der Mittengeschwindigket, Geschwindigkeitsfluktuation und eventuell höherer statistischer Momente. Da langsamere Streuteilchen das Messvolumen seltener passieren als schnellere, wird bei der statistischen Auswertung eine Korrektur dieser Geschwindigkeitsverzerrung vorgenommen, indem jeder Datenpunkt mit einem Faktor $\propto 1/v_x$ gewichtet wird[10]. Bei einer Standardabweichung der Geschwindigkeiten von σ_{v_x} beträgt die zufällige Messabweichung des Geschwindigkeitsmittels bei einer Datenpunktzahl von N_{Slot} unter Berücksichtigung der statistischen Unabhängigkeit der Messpunkte etwa

$$\sigma_{\bar{v_x}} = \frac{\sigma_{v_x}}{\sqrt{N_{\text{Slot}}}} \tag{2.24}$$

Damit ergibt sich für die statistische Auswertung eine Komplementaritätsbeziehung zwischen der durch die Slotgröße Δ_S vorgegebene Positionsauflösung und der Messunsicherheit der Mittelgeschwindigkeit:

$$\frac{\Delta_S}{l_z} \left(\frac{\sigma_{\bar{v_x}}}{\sigma_{v_x}} \right)^2 = 1, \tag{2.25}$$

wobei l_z der mittlere Abstand der Datenpunkte auf der z-Achse ist ($N_{\text{Slot}} = \Delta_S / l_z$). Die Anzahl der insgesamt erfassten Datenpunkte spielt also eine wesentliche Rolle für die endgültige, bei der Ermittlung eines Geschwindigkeits- und Geschwindigkeitsfluktuationsprofils erhaltene Positionsauflösung und Messunsicherheit von Mittelgeschwindigkeit und Geschwindigkeitsfluktuation. Die extrem hohe erreichbare Orts- und Geschwindigkeitsauflösung des Profilsensors zeigt sich nur nach der Datenauswertung, wenn eine vom Turbulenzgrad der Strömung abhängige Anzahl an Streutcilchen gemoooen wurde. In der vorliegenden Arbeit werden zwei Messungen an Strömungen beschrieben, wo dieser Fall eingetreten ist. Zum einen bei der Messung im Zentralbereich einer Erdgasströmung (Kapitel 4), zum anderen bei der Messung einer Mikrokanalströmung, die in Abschnitt B.1 skizziert ist. In beiden Fällen lag ein niedriger Turbulenzgrad $< 0{,}2\,\%$ der Strömung vor. Um bei Messungen an sehr steilen Grenz- und Scherschichten mit hohen Turbulenzgraden eine Positionsauflösung bei der statistischen Auswertung zu erreichen, die an die Ortsauflösung des Profilsensor heranreicht, muss die Gesamtzahl der aufgenommenen Datenpunkte maximiert werden. Dies kann hauptsächlich durch die folgenden Punkte erreicht werden:

---

[10] Diese Korrektur wird im englischen als *velocity bias correction* bezeichnet. Eine genauere, aber in der Praxis schwieriger zu implementierende, statistische Korrektur erreicht man durch eine Wichtung mit der Durchflugszeit (*transit time correction*). Die Wichtungsfaktoren sind für Teilchen, deren Geschwindigkeitsvektor exakt in x-Richtung zeigt, identisch; für Teilchen mit geneigten Trajektorien unterscheiden sie sich.

- Der Sensoraufbau muss die maximal mögliche Signalqualität gewährleisten, damit eine hohe Validierungsrate erreicht wird.

- Die Seedingvorrichtung muss eine hohe Teilchendichte erzeugen, ohne dass es zu vielen Doppelburstsignalen kommt.

- Die Messzeit muss maximiert werden, was unter anderem einen stabilen Aufbau des Messsystems erfordert.

Eine weitere Erhöhung der Datenrate könnte durch die Implementierung einer Signalverarbeitung erzielt werden, die die Burstsignale von mehreren gleichzeitig das Messvolumen passierenden Streuteilchen auswertet (Dual- bzw. Multiple-Burst-Detektion). Ebenso könnten Arraytechniken eingesetzt werden, bei denen das Messvolumen in mehrere Bereiche unterteilt ist, deren Streulicht von unterschiedlichen Detektoren empfangen und parallel ausgewertet wird.

2.7. Charakterisierung des Profilsensors

Die Charakterisierung eines Profilsensors umfasst zwei Messungen: Zum einen die Messung des Durchmessers jedes Strahls in Abhängigkeit von der Position auf der optischen Achse des Messkopfs (Kaustikmessung), zum anderen die Messung der positionsabhängigen Streifenabstandsfunktionen der beiden Streifensysteme (Kalibrierung).

2.7.1. Kaustikmessung

Die Kaustikmessung dient zur Überprüfung der Positionierung der Strahltaille eines Strahls relativ zum Kreuzungspunkt der Strahlen. Außerdem liefert sie einen Wert für die Beugungsmaßzahl M^2 und somit Information über eventuell vorhandene Aberrationen. Sie erfolgt mittels eines kommerziellen Beam-Profilers, der auf einem computergesteuerten Verschiebetisch montiert ist. Der Beam-Profiler verwendet eine Fotodiode größerer Fläche. Eine Schlitzblende von 5 µm oder 10 µm Breite, die an einem rotierenden Zylinder befestigt ist, fährt durch den Strahl, dessen Durchmesser bestimmt werden soll. Durch die Schlitzblende wird somit die lokale Lichtleistung transmittiert. Durch das so gemessene Strahlprofil wird ein Gaußfunktion gefittet, deren $1/e^2$-Breite als Wert für den Strahldurchmesser verwendet wird. Da die Rotationsfrequenz der Schlitzblende stabilisiert ist, ist die Auflösung des Beam-Profilers durch die Breite der Schlitzblende gegeben. Die Positionsauflösung der Kaustikmessung ist durch den verwendeten Verschiebetisch gegeben und beträgt zwischen 100 nm und 2,5 µm. Für die präzise Untersuchung der Strahlqualität und eines eventuell vorliegenden Astigmatismus oder muss sowohl der Verlauf des Durchmessers in horizontaler als auch in vertikaler Richtung bestimmt werden. Beispiele für gemessene Kaustikverläufe sind in den Abbildungen 4.9 und 5.13 zu finden.

2.7.2. Kalibrierung

Die Messung der Streifenabstände erfolgt mit einer Lochblende (Durchmesser 1 µm bis 5 µm), die in einer rotierenden Scheibe angebracht ist. Die Lochblende wirkt dabei als (inverses) Streuteilchen, welches das Messvolumen durchtritt. Da die Rotationsfrequenz f_S der Scheibe und der Radius R_S (typischerweise 15 − 50 mm), auf welchem sich die Lochblende bewegt, bekannt sind, ist auch die Geschwindigkeit $v_x = 2\pi R_S f_S$ bekannt. Die Halterung der Scheibe ist auf einem computergesteuerten Traversiertisch angebracht. Für jede Position z des Tisches wird für mehrere ($\approx 25 - 100$) Burstsignale die Dopplerfrequenz f_D ermittelt. Der Streifenabstand an der eingestellten Position z ergibt sich dann über die Dopplerformel: $d(z) = v_x/\bar{f}_D$. Aufgrund der Fertigungs- und Anpassungsgenauigkeit der Scheibe und Lochblende ist der Radius R_S nur mit einer Genauigkeit von etwa 1 % bekannt. Dies stellt momentan einen limitierenden Faktor bei der Kalibrierung dar. Eine Möglichkeit, unter Verwendung einer Scheibe mit zwei Lochblenden diesen Wert zu reduzieren, ist in [Shi09a] vorgestellt. Beispiele für gemessene Streifenabstandsfunktionen sind in den Abbildungen 4.10(a), 5.14(a) und 5.14(b) zu finden. Die Bestimmung der Orts- und Geschwindigkeitsauflösung der Sensors erfolgt bei der Kalibrierung über (2.12).

2.8. Kurze Anmerkung zum Begriff „n-dimensionale" Strömung

In der Literatur findet sich keine einheitliche Terminologie bezüglich des Begriffs „n-dimensionale" Strömung. Dies ist vor allem der Tatsache zuzuschreiben, dass zum Teil keine Unterscheidung getroffen wird zwischen den örtlichen *Dimensionen* (oder *Ortskoordinaten*) und den Geschwindigkeits-*Komponenten*. In dieser Arbeit bezieht sich „n-dimensional" stets auf die Ortskoordinaten. Somit ist die voll entwickelte Strömung zwischen zwei unendlich großen Platten eindimensional (da sie nur eine Geschwindigkeitsvariation entlang einer Ortskoordinate zeigt) und die voll entwickelte Strömung in einem rechteckigen Kanal zweidimensional (da sie eine Geschwindigkeitsvariation entlang der beiden Querkoordinaten, aber nicht entlang der Strömungsrichtung zeigt). Der Strömungsgeschwindigkeitsvektor zeigt in beiden Fällen in eine Richtung außerhalb der Ortskoordinaten, auf denen die Strömungsgeschwindigkeit variiert.

Kapitel 3.

Untersuchungen zu wandnahen Messungen

3.1. Problemstellung

Bei Strömungen ist häufig insbesondere die Grenzschicht, also das Geschwindigkeitsfeld in direkter Nähe zur begrenzenden Wand, interessant, da hier die dissipativen Einflüsse in der Strömung am meisten zum Tragen kommen. Bei der Messung mit Laserlicht kommt es allerdings zur Reflexion des Lichtes an der Wand, was nur im Falle einer transparenten Wand durch Anpassung des Brechungsindizes des Umgebungsfluids an den des Wandmaterials vollständig vermieden werden kann [Bud94]. In den meisten Fällen ist eine solche Anpassung nicht möglich, da entweder das Wandmaterial durch andere Anforderungen vorgegeben ist oder weil ein strömendes Fluid verwendet wird, dessen Brechungsindex eine deutliche Differenz zu dem der Wand aufweist. Das Streulicht von der Wand stellt ein Problem dar, da es in die Detektionsoptik und auf den Fotodetektor gelangen kann und somit zu einer Verschlechterung des Signal-Rausch-Verhältnisses führt. Für die Messung an Glaswänden sind die Reflexe in ihrer Stärke in der Regel deutlich geringer als für die Streuung z. B. an metallischen Wänden. Daher konnten hier in Vorwärtsstreuung bereits Profilsensormessungen sehr dicht an der Wand durchgeführt werden. So wurden bei der Messung an einem Windkanal, der als strömendes Medium Luft und als Streuteilchen DEHS verwendete, Datenpunkte mit einer Entfernung von 72 µm zur Wand erfasst (siehe Kapitel A). Für die Messung in einem Mikrokanal mit einem Wasser-Glyzerin-Gemisch als strömendem Fluid und Polystyrolstreuteilchen konnten Datenpunkte bis zu einer Entfernung zur Wand < 10 µm erfasst werden (siehe Anhang B.1). Für opake, insbesondere metallische, Wände sind die Wandreflexe allerdings in der Regel so stark, dass sie durch zusätzliche experimentelle Maßnahmen unterdrückt werden müssen. Eine Möglichkeit, die Wandstreureflexe auszublenden, ist die Verwendung von fluoreszenten Streuteilchen und einem Farbfilter in der Detektionsoptik [Rot01]. Allerdings ist die Streulichtausbeute der Fluoreszenz typischerweise um Größenordnungen geringer als die der elastischen Streuung. Außerdem muss die Oszillationsperiodendauer des Burstsignals deutlich unterhalb der Fluoreszenz-Zeitkonstante liegen, was den Einsatz von Fluoreszenzpartikeln auf niedrige Strömungsgeschwindigkeiten einschränkt und nur die Verwendung von niedrigen Trägerfrequenzen erlaubt. Daher muss in vielen experimentellen Aufbauten, die auf elastischer Lichtstreuung beruhen, der Einfluss des Wandstreulichts durch den Aufbau und die Positionierung der Detektionsoptik minimiert werden.

Das Aufbauprinzip ist in Abb. 3.1 dargestellt. Durch die vom Messkopf ausgehenden Sendestrahlen werden sowohl das Streuteilchen als auch die Wand beleuchtet. Die Detektionsoptik ist in einem Winkel β zu den Laserstrahlen angeordnet. Dieser ist so definiert, dass $\beta = 0°$ der direkten Vorwärtsstreuung entsprechen würde und $\beta = 180°$ der Rückwärtsstreuung (siehe Abschnitt 2.5). Im folgenden wird zunächst auf die Lichtstreuung am Teilchen, die Lichtstreuung an der Wand, das Ausblendeverhalten der Detektionsoptik (charakterisiert durch eine Akzeptanzfunktion) und die Detektoreffizienz eingegangen, um eine Näherungsformel für das SNR eines Burstsignals für wandnahe Messungen herzuleiten. Aus der Näherung lassen sich dann Folgerungen ableiten, wie eine wandnahe Messung mit möglichst hohem SNR zu erreichen ist. In der folgenden Betrachtung wird von vertikal polarisiertem Laserlicht ausgegangen. Die Detektionsoptik befindet sich

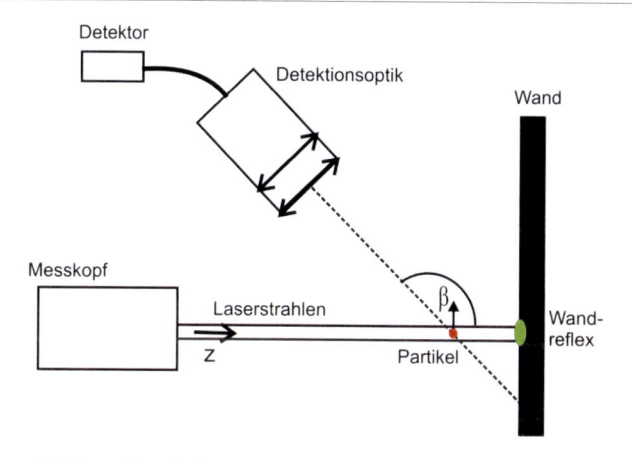

Kapitel 3. Untersuchungen zu wandnahen Messungen

Abbildung 3.1.: Aufbau zur Messung von wandnahen Strömungen.

in der von der Polarisationsrichtung und der Propagationsrichtung des Lichtes aufgespannten Ebene ($x, y = 0, z$).

3.2. Lichtstreuung am Teilchen

Die Lichtstreuung an einem kleinen Teilchen kann durch die Amplituden-Streumatrix charakterisiert werden [Boh98]. Diese bestimmt das Verhältnis zwischen der Feldstärke der eintreffenden in z-Richtung propagierenden elektromagnetischen Welle des Laserstrahls und der Feldstärke der ausgesandten Zirkularwelle[1]:

$$\begin{pmatrix} E_{\|s} \\ E_{\perp s} \end{pmatrix} = \frac{\exp(ik(r-z))}{-ikr} \begin{pmatrix} S_2 & S_3 \\ S_4 & S_1 \end{pmatrix} \begin{pmatrix} E_{\|i} \\ E_{\perp i} \end{pmatrix}. \qquad (3.1)$$

Hier ist $k = 2\pi/\lambda$ die Wellenzahl, $E_{\|s}$ und $E_{\perp s}$ sind die komplexen Feldstärken des gestreuten Feldes und $E_{\|i}$ und $E_{\perp i}$ die komplexen Feldstärken des einfallenden Feldes, wobei $\|$ und $\perp$ die Polarisationsrichtung angeben. Die Komponenten der Streumatrix sind komplexe Größen, die von der Wellenlänge und der Streurichtung abhängen. Bei vertikal polarisiertem einfallendem Feld lässt sich die Gesamtintensität T_s des gestreuten Lichts aus der Intensität I_i somit wie folgt berechnen:

$$I_s = \frac{c\epsilon_0}{2}|\mathbf{E_s}|^2 = \frac{c\epsilon_0}{2k^2r^2}(|S_2|^2 + |S_4|^2)|E_{\|i}|^2 = \frac{1}{k^2r^2}(|S_2|^2 + |S_4|^2)I_i. \qquad (3.2)$$

Nimmt man an, dass die Streulichtintensität nicht signifikant über der Empfangsfläche A_{Det} der Detektionsoptik variiert, die im Abstand r aufgestellt ist, so erhält man für die gesamte auf die Empfangsapertur treffende Streulichtleistung

$$P_A = \frac{1}{k^2r^2}(|S_2|^2 + |S_4|^2)I_i A_{\text{Det}} = \frac{\Omega_{\text{Det}}}{k^2}(|S_2|^2 + |S_4|^2)I_i. \qquad (3.3)$$

Dabei bezeichnet $\Omega_{\text{Det}} = A_{\text{Det}}/r^2$ den Öffnungswinkel (Raumwinkel) der Detektionsoptik. Der Raumwinkel ist, unter der Näherung, dass die Entfernung zur Linse deutlich größer als der Linsenradius, über die Beziehung

---
[1] Die Indizes der einzelnen Komponenten der Matrix sind historisch gewachsen.

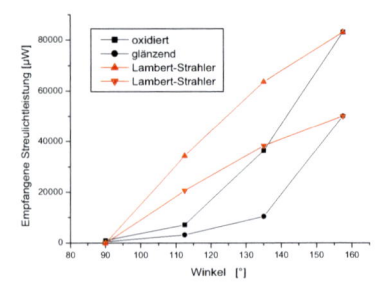

Abbildung 3.2.: Die Winkelabhängigkeit der Lichtstreuung an einem oxidiertem und einem glänzenden Rohr.

$$\Omega_{\text{Det}} \approx \pi \text{NA}^2 \tag{3.4}$$

mit der empfangsseitigen numerischen Apertur der Detektionsoptik verknüpft. Wir definieren einen charakteristischen Streukoeffizienten

$$S_P = \frac{1}{k^2}(|S_2|^2 + |S_4|^2), \tag{3.5}$$

so dass sich die gestreute Leistung schreiben lässt als

$$P_A = \Omega_{\text{Det}} S_P I_i. \tag{3.6}$$

S_P hängt dabei für ein Streuteilchen mit gegebener Größe und Form und gegebenem Brechungsindex von der Wellenlänge des eintreffenden Lichtes und vom Positionierungswinkel der Detektionsoptik ab. Die Komponenten der Amplitudenstreumatrix lassen sich numerisch berechnen.

3.3. Lichtstreuung an der Wand

Beim Auftreffen auf eine Wand kann Licht transmittiert, absorbiert, gerichtet reflektiert oder diffus reflektiert (gestreut) werden. Die Streuung lässt sich durch einen Wandstreukoeffizienten S_W ausdrücken:

$$S_W = \frac{dI_s/d\Omega}{I_i}. \tag{3.7}$$

Dieser hängt von der Struktur der Oberfläche ab. Für eine gegebene Oberfläche zeigt S_W ein charakteristisches vom Beobachtungswinkel abhängiges Verhalten. Eine ideale diffus streuende Oberfläche verhält sich wie ein lambertscher Strahler [Mes06], der eine kosinusförmig vom Beobachtungswinkel β abhängige Abstrahlcharakteristik hat:

$$S_W \propto |\cos(\beta)|. \tag{3.8}$$

Reale metallische Oberflächen haben im Allgemeinen eine Abweichung von diesem Verhalten, da dominante gerichtete Streuanteile auftreten. Abbildung 3.2 zeigt die bei konstanter senkrechter Bestrahlung empfangenen Streulichtleistungen zweier technischer Oberflächen für einige Winkelpositionen. Die Oberflächen stammen von einem Rohr, an dem die Strömung in einem Kühlkreislauf gemessen wurde (Kapitel 5). Während der Beheizung des Rohres oxidiert es durch die vorbeiströmende Luft. Insbesondere für das glänzende Metallrohr ist eine deutliche Abweichung vom lambertschen Strahler zu sehen, da durch die glatte Metalloberfläche starke gerichtete Anteile in Rückwärtsrichtung auftreten.

3.4. Lichtakzeptanzfunktion der Detektionsoptik

Die Detektionsoptik (siehe Abb. 3.3) empfängt Licht, das im Detektionsbereich abgestrahlt wird, je nach Abstrahlungspunkt, unterschiedlich gut. Dies ist auf die Blendenwirkung der Empfangsfaser und den Tiefenschärfen-Effekt zurückzuführen. Im Folgenden sind die Koordinaten im Bezugssystem der Detektionsoptik mit (x', y', z') bezeichnet. Wenn von einem Punkt (x', y', z') die Leistung $P_A(x', y', z')$ in die Apertur der Detektionsoptik eingestrahlt wird und davon die Leistung $P_D(x', y', z')$ durch die Faser zum Detektor gelangt, so ist das Verhältnis dieser beiden Größen ein Maß für die Blendenwirkung der Detektionsoptik. Als *Lichtakzeptanzfunktion* f_D sei im folgenden die Funktion

$$f_D(x', y', z') = \frac{P_A(x', y', z')}{P_D(x', y', z')}. \tag{3.9}$$

bezeichnet. Für $f_D(x', y', z') = 0$ findet ein vollständiges Ausblenden des Punktes (x', y', z') statt, während für den theoretischen Fall $f_D(x', y', z') = 1$ die vollständige Detektion alles Lichts erfolgt, das vom Punkt (x', y', z') in die Apertur gestrahlt wird.

Ein Aufbau zur Messung der Lichtakzeptanz ist in Abb. 3.4 zu sehen. Da eine kreisrunde Faser zur Detektion verwendet wird, wurde $f_D(x', y', z')$ nur in einer Ebene gemessen, die durch die mittlere Achse geht, d. h. die x-z-Ebene für $y' = 0$. Als Quasi-Punktquelle wurde eine Lochblende mit $2 \pm 0{,}5\,\mu\mathrm{m}$ Durchmesser verwendet, die mit Laserlicht bestrahlt wurde. Das zentrale Maximum der Streukeule (Airy-Funktion) ging dabei deutlich über die Apertur der Detektionsoptik hinaus, so dass näherungsweise eine gleichmäßige Ausleuchtung der Empfangsfläche erreicht wurde. Die Detektionsoptik war auf einem x-z-Präzisionstraversiertisch befestigt, so dass schrittweise die einzelnen Positionen angefahren werden konnten, an denen das Detektorsignal gemessen wurde. Die Detektionsfaser hatte einen Durchmesser von $400\,\mu\mathrm{m}$ und eine numerische Apertur von 0,37. Beide Linsen waren Achromate der Brennweite 150 mm mit einem freien Durchmesser von 60 mm. Zur Minimierung von Aberrationseffekten war die Faser in einem Abstand von 150 mm

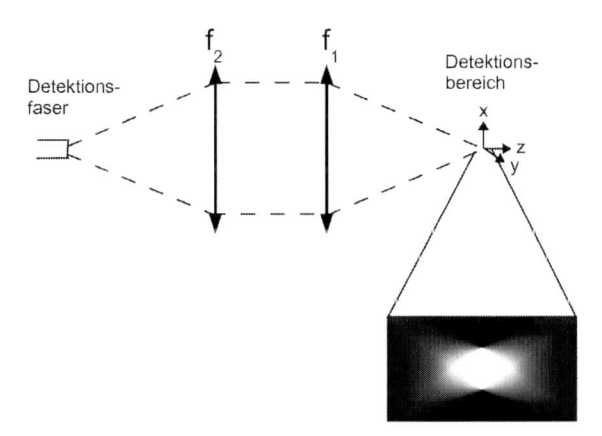

Abbildung 3.3.: Die Detektionsoptik besteht aus zwei Sammellinsen und einer Detektionsfaser, welche als Blende wirkt. In Abhängigkeit von der Position einer Punktlichtquelle im Detektionsbereich gelangt ein unterschiedlicher Anteil des ausgesandten Lichts in die Faser.

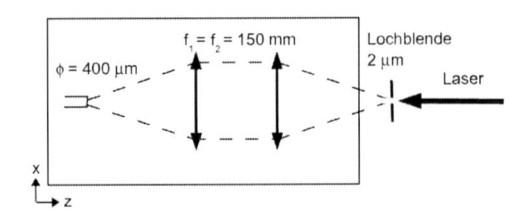

Abbildung 3.4.: Aufbau zur Messung der Lichtakzeptanz.

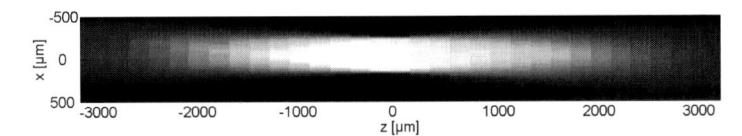

Abbildung 3.5.: Die für eine Ebene gemessene Lichtakzeptanz.

zur Mitte der nächsten Linse positioniert, wobei hier eine Unsicherheit von ca. 5 mm besteht. Damit war der Wert der empfangsseitigen numerischen Apertur 0,20. Der Abstand zwischen den Linsen betrug etwa 4 cm. Die Detektionsoptik entspricht dem für die Messung am Kühlkreislauf (Kapitel 5) im Winkel $\beta = 125°$ verwendeten Aufbau. Abbildung 3.5 zeigt das gemessene Feld in Graustufencodierung. Der maximale gemessene Wert wurde auf 1 normiert.

Für die oben genannte Detektionsoptik wurde die Lichtakzeptanz ebenfalls simuliert. Für die Lichtausbreitung wurde geometrische Optik angenommen. Wenn die punktförmige Lichtquelle genau im Brennpunkt der Frontlinse steht, wird sie als Punkt auf die Faserfläche abgebildet. Für Lichtquellen außerhalb des Fokus ergibt sich als Bild ein Kreis (siehe Abb. 3.6). Die Lichtakzeptanz lässt sich dann aus der Kreisfläche A_{Bild} und der Schnittfläche A_{Schnitt} zwischen dem Kreis und der Faserfläche berechnen:

$$f_D(x', y', z') = \frac{A_{\text{Schnitt}}(x', y', z')}{A_{\text{Bild}}(x', y', z')}. \qquad (3.10)$$

Die Ergebnisse der Simulation sind in Abb. 3.7 dargestellt.

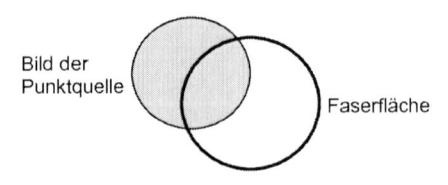

Abbildung 3.6.: Simulation der Lichtakzeptanz. Das Bild eines Punktes im Detektionsbereich wird als perfekte Kreisfläche angenähert. Die Schnittfläche des Kreises mit der Faserempfangsfläche ergibt den zum Detektor transmittierten Lichtanteil.

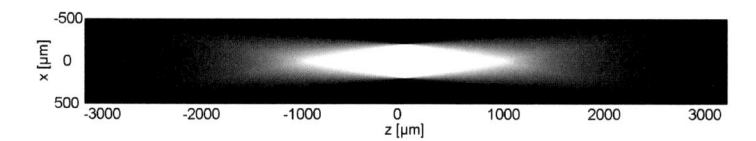

Abbildung 3.7.: Simulation der Lichtakzeptanz.

Abbildung 3.8 zeigt Schnitte durch die gemessene und simulierte Lichtakzeptanz durch drei verschiedene Achsen. In seitlicher Schnittrichtung (x-Achse) zeigt sich ein Plateau und steil abfallende Flanken, also ein scharfes Abblendeverhalten. In Längsrichtung (z-Achse) zeigen sich vor und hinter dem Plateau langsam abfallende Flanken ($\propto 1/z^2$). Das Abblenden mittels Tiefenschärfe ist wesentlich ineffizienter als das seitliche Abblenden. Die Simulation beschreibt die wesentlichen Aspekte des Experiments sehr gut. Die verbleibenden Unterschiede sind vermutlich durch mehrere Faktoren bedingt. Für eine exakte Simulation müssten Beugungseffekte berücksichtigt werden. Die in der Simulation vorhanden flach auslaufenden Flanken beim seitlichen Ausblenden stammen vermutlich von Linsenaberrationen. Außerdem ist davon auszugehen, dass die Faser nicht exakt als kreisförmige harte Blende wirkt, in derem Inneren die Transmission 100 % und in derem Äußeren die Transmission 0 % ist.

3.5. Empfindlichkeit des Detektors

Die Empfindlichkeit $g(\lambda)$ des Detektor gibt an, wie effizient die Lichtleistung P in den Detektorstrom I umgewandelt wird. Sie ist direkt durch die von der Lichtwellenlänge abhängige Quanteneffizienz $\eta(\lambda)$ des Fotodetektors gegeben:

$$g(\lambda) = \frac{I}{P} = \eta(\lambda)\frac{q\lambda}{hc}. \tag{3.11}$$

Hierbei ist h das plancksche Wirkungsquantum, q die Elementarladung und c die Lichtgeschwindigkeit. Der Ausdruck hc/λ ist die Energie eines Photons.

3.6. Signal-Rausch-Verhältnis bei wandnahen Messungen

In diesem Abschnitt wird eine Näherungsformel für das SNR eines Burstsignals bei wandnahen Messungen hergeleitet. Die Formel zeigt die relevanten Einflussfaktoren auf und liefert somit eine Strategie zum Erreichen möglichst großer Nähe zur Wand in der Strömungsmessung. Um elektronische Rauscheffekte durch Nachverstärkung und die Effekte der Analog-Digital-Wandlung zu vernachlässigen, werden im Folgenden die Detektorstromsignale betrachtet. Das Nutzsignal $s(t)$ ist mit einem konstanten von der Wandstreuung stammenden Offset c_Offset und einem Rauschsignal $n(t)$ überlagert. Das Gesamtsignal ist somit

$$s_G(t) = s(t) + c_\text{Offset} + n(t). \tag{3.12}$$

Das SNR ist als das Verhältnis von Signalenergie S zur Rauschenergie N definiert:

$$\text{SNR} = \frac{S}{N}. \tag{3.13}$$

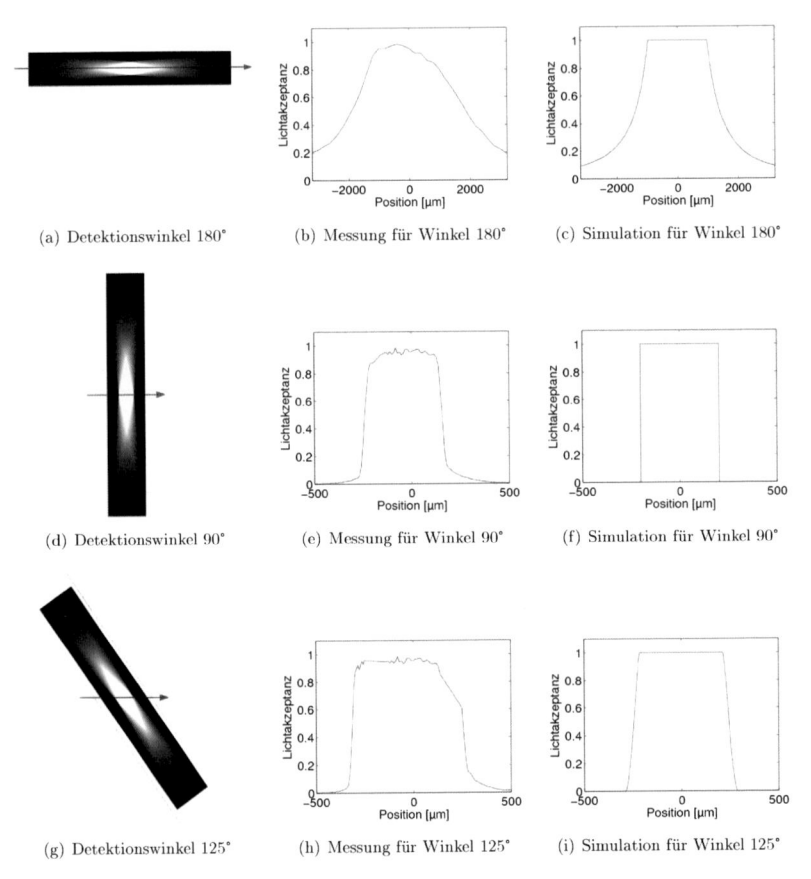

(a) Detektionswinkel 180° (b) Messung für Winkel 180° (c) Simulation für Winkel 180°

(d) Detektionswinkel 90° (e) Messung für Winkel 90° (f) Simulation für Winkel 90°

(g) Detektionswinkel 125° (h) Messung für Winkel 125° (i) Simulation für Winkel 125°

Abbildung 3.8.: Schnitte durch den Detektionsbereich für verschiedene Winkelpositionen der Detektionsoptik. Für Rückwärtsstreuung (180°) ist nur ein sehr schwaches Abblenden durch den Tiefenschärfeneffekt erreichbar. Für Seitwärtsstreuung (90°) kann ein scharfes Ausblenden erreicht werden, da die Faser eine harte Blendenwirkung hat. Die dritte dargestellte Position (125°) entspricht dem in Kapitel 5 gewählten Aufbau, wo dies durch die vorgegebene Geometrie der steilste mögliche Winkel war.

KAPITEL 3. UNTERSUCHUNGEN ZU WANDNAHEN MESSUNGEN

Als Integrationsbereich zur Bestimmung von S und N wählen wir die $1/e^2$-Grenzen des Burstsignals $(-T_0/2, +T_0/2)$:

$$S = \int_{-T_0/2}^{+T_0/2} s^2(t)dt, \tag{3.14}$$

$$N = \int_{-T_0/2}^{+T_0/2} n^2(t)dt. \tag{3.15}$$

Für die Herleitung der Formel werden folgende Annahmen getroffen:

- Das Schrotrauschen ist der dominierende Rauschprozess.
- Der Offset ist deutlich größer als das Signal: $c_\text{Offset} \gg s(t)$. Diese Annahme entspricht den reellen experimentellen Gegebenheiten für Messungen in extremer Wandnähe.
- Keine Berücksichtigung von Exzess-Rauschen durch den Detektor.
- Das Burstsignal wird als voll moduliert vorausgesetzt.
- Der Detektor arbeitet nicht im Sättigungsbereich.
- Die Ausmessungen des Lichtfleckes an der Wand sind klein gegenüber der Skala, auf der die Akzeptanzfunktion variiert.
- Die Winkelabhängigkeit der Streulichtverteilung ist klein im Empfangsbereich der Detektionsoptik.

Die durch das Schrotrauschen gegebene Rauschenergie berechnet sich unter diesen Annahmen direkt aus dem Offset [Fis09]:

$$N = \sigma_n^2 T_0 = 2q f_\text{BW} c_\text{Offset} T_0. \tag{3.16}$$

Die Ausdrücke für $s(t)$ und c_Offset erhält man, indem man den Weg des Lichtes vom Laser über das Teilchen (bzw. die Wand) und die Detektionsoptik bis zum Detektor verfolgt. Die am Punkte $(x_\text{Det}, y_\text{Det} = 0, z_\text{Det})$ im Winkel β positionierte Detektionsoptik wird dabei über die Funktion $f_{D(x_\text{Det}, z_\text{Det}, \beta)}(z)$ charakterisiert. Die z-Abhängigkeit charakterisiert dabei die Lichtakzeptanz auf der Achse der Laserstrahlen. Damit ergibt sich für das Nutzsignal der folgende Ausdruck:

$$s(t) = \underbrace{I_0 \exp(-2v_x^2 t^2/w_0^2) \frac{1+\sin(v_x t/d)}{2}}_{\text{Laser}} \underbrace{S_P(\beta,\lambda)}_{\text{Partikel}} \underbrace{\Omega_\text{Det} f_{D(x_\text{Det}, z_\text{Det}, \beta)}(z_P)}_{\text{Detektionsoptik}} \underbrace{g(\lambda)}_{\text{Detektor}} . \tag{3.17}$$

Hier steht I_0 für die maximale Lichtintensität und z_P für die Position des Teilchens auf der z-Achse. Für den Offset ergibt sich der folgende Ausdruck:

$$c_\text{Offset} = \underbrace{P}_{\text{Laser}} \underbrace{S_W(\beta,\lambda)}_{\text{Wand}} \underbrace{\Omega_\text{Det} f_{D(x_\text{Det}, z_\text{Det}, \beta)}(z_W)}_{\text{Detektionsoptik}} \underbrace{g(\lambda)}_{\text{Detektor}} , \tag{3.18}$$

wobei z_W die Position der Wand bezeichnet. Unter Berücksichtigung von (3.14), (3.15) und (3.16) ergibt sich damit der folgende Ausdruck:

$$\text{SNR} = \frac{0.16}{\pi^2} \underbrace{\frac{P}{w_0^4}}_{\text{Laser}} \underbrace{\frac{g(\lambda)}{f_\text{BW}}}_{\text{Detektor}} \Omega_\text{Det} \underbrace{\frac{f_{D(x_\text{Det}, z_\text{Det}, \beta)}^2(z_P)}{f_{D(x_\text{Det}, z_\text{Det}, \beta)}(z_W)}}_{\text{Detektionsoptik}} \underbrace{S_P(\beta,\lambda)^2}_{\text{Partikel}} \underbrace{\frac{1}{S_W(\beta,\lambda)}}_{\text{Wand}} . \tag{3.19}$$

3.7. Folgerungen

Aus den Termen der Gleichung 3.19 lassen sich Folgerungen für das Erreichen eines möglichst großen SNR in Wandnähe ableiten:

- Der Beitrag des Lasers ist P/w_0^4. Es ist eine möglichst hohe Laserleistung anzustreben. Die Fokussierung ist in der Regel durch andere Anforderungen des Profilsensorentwurfs gegeben.

- Der Beitrag des Detektors ist g/f_{BW}. Es ist also eine hohe Detektorempfindlichkeit anzustreben. Eine niedrige Detektorbandbreite erhöht zwar das SNR, bringt aber in der Regel keine Verringerung der Messunsicherheit mit sich, siehe dazu Abschnitt 2.6

- Der Beitrag der Detektionsoptik ist $\Omega_{\mathrm{Det}} f_{D(x_{\mathrm{Det}}, z_{\mathrm{Det}}, \beta)}^2 (z_P) / f_{D(x_{\mathrm{Det}}, z_{\mathrm{Det}}, \beta)}(z_W)$. Neben einer großen Apertur ist insbesondere auf ein möglichst scharfes Abblendverhalten zu achten: Die Lichtakzeptanz sollte an der Teilchenposition z_P möglichst groß und an der Wandposition z_W möglichst klein sein. Dies erfordert einen Aufbau der Detektionsoptik mit möglichst geringen Aberrationen. Das Experiment hat gezeigt, dass Abweichungen von der Positionierung der Empfangsfaser im Linsenbrennpunkt ein deutliches Verwaschen der Lichtakzeptanzfunktion und damit ein wesentlich weniger ausgeprägtes Blendenverhalten mit sich brachten. Ferner ist auf Linsen mit geringen Aberrationen sowie eine unbeschädigte, saubere Faser zu achten. Zum Erreichen einer guten Abblendwirkung ist eine Positionierung der Detektionsoptik in einem steilen Winkel nahe 90° erforderlich. Außerdem muss der Kreuzungspunkt der Strahlen im Fokus der Detektionsoptik liegen.

- Das Streuteilchen liefert einen Beitrag von $S_P(\beta, \lambda)^2$. Es sollten also Streuteilchen mit hoher Streueffizienz gewählt werden.

- Der Beitrag der Wand ist $1/S_W(\beta, \lambda)$, eine geringe Streuung an der Wand verbessert das SNR. Wenn die experimentellen Gegebenheiten es zulassen, sollte die Wandoberfläche bearbeitet oder angepasst werden. Eine Option ist die Schwarzfärbung der Wand. Eine andere Möglichkeit ist die Verwendung einer spiegelnden Oberfläche bei verkippter Positionierung der Detektionsoptik. Eine dritte Möglichkeit besteht im Auftragen einer fluoreszenten Schicht auf die Wand. Ein Teil des auftreffenden Lichts wird dabei in Fluoreszenzlicht einer höheren Wellenlänge umgewandelt. Das Fluoreszenzlicht kann unter Verwendung eines Farbfilter vor der Detektionsoptik gefiltert werde.

- In bestimmten Fällen ist bei der Wahl der Winkelposition des Detektors eine Abwägung erforderlich zwischen der Blendenwirkung, dem Teilchenstreuverhalten und der Winkelabhängigkeit der Wandstreuung. Dies ist vor allem relevant, wenn die Streucharakteristik der Teilchen in 90°-Richtung eine Abstrahlung von 0 aufweist.

Für die Messung an dem in Abb. 3.2 charakterisierten Rohr konnte die Messung in Wandhöhe deutlich verbessert werden. Während in Rückwärtstreuung nur Datenpunkte mit einer Entfernung von $> 1\,\mathrm{mm}$ erfasst werden konnten, wurde durch Positionierung der Detektionsoptik im steilsten durch die Geometrie möglichen Winkel von $\beta = 55°$ die Erfassung von Datenpunkten bis zu einer Entfernung von $125\,\mu\mathrm{m}$ möglich (siehe Kapitel 5).

Kapitel 4.

Erdgasdurchflussmessung mit dem Profilsensor

4.1. Motivation

Erdgas ist neben Erdöl und Kohle einer der wichtigsten Rohstoffe, die zur Energieversorgung verwendet werden. Dabei wird die chemisch gespeicherte Energie in Kraftwerken durch Verbrennung und mittels Gas- und Dampfturbinen in elektrische Energie umgewandelt. In Deutschland liefert Erdgas damit einen Anteil von 22,7 % zum gesamten Energiemix. Die meisten Kraftwerke zur Versorgung während Spitzenbedarfszeiten beruhen auf Erdgas. Des Weiteren wird Erdgas im Heimbedarf zur Beheizung und als Treibstoff für Automobile verwendet. Daher ist die präzise Messung des Erdgasdurchflusses von hoher wirtschaftlicher Bedeutung [Bow99, Mil96b]. Die dafür verwendeten Durchflussmessgeräte sollen zum einen möglichst geringe zufällige Messabweichungen aufweisen. Zum anderen ist eine möglichst geringe absolute Messabweichung notwendig. Dies wird über eine Kalibrierung der Gaszähler garantiert. Jede Kalibrierung beruht darauf, dass (in der Regel mit mehreren Zwischenschritten) eine Rückführung auf Primärnormale für physikalische Größen geschieht.

Eine Messung mit einem Messgerät kann immer nur so genau wie die Kalibrierung sein. Daher ist ein Primärnormal mit möglichst geringer Messunsicherheit notwendig und eine Kalibrierkette, deren Messschritte mit möglichst geringen Messunsicherheiten behaftet sind. Primärnormale sind direkt an SI-Basiseinheiten gekoppelt und unterliegen in Deutschland der Kontrolle der Physikalisch-Technischen Bundesanstalt (PTB).

Das Primärnormal für den Erdgaskubikmeter bei Hochdruck wird am Prüfstand *pigsar*[1] von der E.ON Ruhrgas AG unter der Aufsicht der PTB betrieben. Es erreicht eine Gesamtmessunsicherheit des Volumendurchflusses von 0,01 %, wobei durch die geometrische Kalibrierung eine direkte Ankopplung an die SI-Einheit Meter gegeben ist. Zur Kalibrierung eines Gaszählers werden Gebrauchsnormale verwendet. Dazu wird über mehrere Zwischenormale die Durchflusseinheit vom Primärnormal auf die Gebrauchsnormale übertragen. Bei der Kalibrierung ergibt sich aufgrund dieser Zwischenschritte eine Unsicherheit von unter 0,16 %. Die Umrechnung des Volumendurchflusses in einen Massendurchfluss geschieht über die Dichte, welche indirekt durch eine lokale Druck- und Temperaturmessung und eine chemische Gasanalyse mittels Prozesschromatographen bestimmt wird.

Ein Fokus wissenschaftlicher Forschung ist derzeit die Errichtung eines zweiten Primärnormales, welches auf optischer Messtechnik beruht. Die vom bisherigen Primärnormal unabhängige Rückführung auf SI-Basiseinheiten muss bei der Kalibrierung des optischen Sensors geschehen. Ein zusätzliches Primärnormal würde bei einer Kopplung der Normale zu einer verringerten Messunsicherheit führen. Ein Vorteil eines optischen Normals ist, dass aufgrund des nach oben erweiterten Bereichs von Durchflussmengen die Kalibrierkette mit mehreren Zwischenschritten entfallen kann. Für das optische Durchflussnormal wird eine Messunsicherheit < 0,1 % angestrebt.

---

[1] *pigsar*: Prüfinstitut für Gaszähler, ein Serviceangebot der Ruhrgas

[Mül04].

Optische Strömungsmessverfahren messen stets die Strömungsgeschwindigkeit an einem Punkt oder entlang einer Linie oder Fläche. Der Volumendurchfluss Q ergibt sich dann durch Integration über die gesamte Querschnittsfläche einer Strömung, z. B. hinter dem Austritt einer runden Düse mit dem Radius R:

$$Q = \frac{dV}{dt} = \int_0^{2\pi} \int_0^R v(r,\phi) r \, d\phi \, dr. \tag{4.1}$$

Bei einer zylindersymmetrischen Strömung vereinfacht sich der Ausdruck zu

$$Q = 2\pi \int_0^R v(r) r \, dr. \tag{4.2}$$

Die flächenhafte Messung kann also auf eine Linienmessung entlang eines Radius reduziert werden.

Die Durchflussmessung mit optischen Mitteln erfordert ein Messgerät mit hoher Orts- und Geschwindigkeitsauflösung. Die hohe Geschwindigkeitsauflösung ist notwendig, da sich laut (4.1) die Messunsicherheit in der Geschwindigkeit direkt als Messunsicherheit im Durchfluss niederschlägt. Da in der vorliegenden Anwendung ca. 5 % bis 10 % des Durchflusses in der Scherschicht getragen wird [Büt08], ist insbesondere die Auflösung dieser Scherschicht von großer Bedeutung, wofür eine Messgerät mit hoher Ortsauflösung benötigt wird. Sowohl PIV als auch DGV sind für den Einsatz an *pigsar* nicht geeignet, da die Geschwindigkeitsauflösung nicht ausreichend ist und die Messung der Geschwindigkeitskomponente orthogonal zum optischen Zugang problematisch ist (siehe Abschnitt 1.2). Außerdem wäre es schwierig, die für die Messung erforderliche Streuteilchenkonzentration zu erzeugen. Die konventionelle LDA kann aufgrund der Komplementarität von Geschwindigkeits- und Ortsauflösung (Gleichung 2.9) nicht die für die Messung im Strömungskern erforderliche Geschwindigkeitsauflösung und die für die Auflösung der Grenzschicht erforderliche Ortsauflösung ermöglichen.

4.2. Pigsar

Pigsar ist das nationale Normal für den Durchfluss von Hochdruck-Erdgas. Durch das vorhandene Primärnormal wird der Einheitskubikmeter von Hochdruck-Erdgas repräsentiert. Dies ermöglicht die Rückführung der Größe „Erdgasvolumendurchfluss" auf die Basiseinheiten Meter und Sekunde.

Als Primärnormal dient die Rohrprüfstrecke (RPS), das genaueste Volumenmessgerät für Hochdruck-Erdgas, das es in Deutschland gibt. Die Gesamtmessunsicherheit der RPS für den Volumendurchfluss beträgt 0,01 %. Die Rohrprüfstrecke besteht aus einem Zylinder, in dem sich ein beweglicher Kolben befindet, der durch das zufließende Gas verdrängt wird (siehe Abb. 4.1). Beim Passieren der Punkte a_2, b_2, c_2 werden Zeitzähler ausgelöst, die beim Passieren der Punkte a_4, b_4, c_4 gestoppt werden. Da das verdrängte Volumen geometrisch kalibriert ist, ist so die Durchflussmessung im Primärnormal auf die Basiseinheiten Meter und Sekunde zurückgeführt.

Das optische Primärnormal soll ein zweites, von der RPS unabhängiges Primärnormal für *pigsar* sein, welches ebenfalls eine direkte Rückführung auf die Basiseinheiten m und s ermöglicht. Da der Durchfluss aus gemessenen Geschwindigkeitsprofilen ermittelt wird, erfolgt die Rückführung auf die Basiseinheiten m und s bei der Kalibrierung des verwendeten LDA oder Profilsensors mit einem Geschwindigkeitsnormal. Für feste Strömungsbedingungen, das heißt bei nur minimalen erwarteten Geschwindigkeitsschwankungen mit gleichbleibender Profilform, kann bei einmal gemessenem Geschwindigkeitsprofil die Durchflussmessung auf eine Einpunktmessung im Zentrum

KAPITEL 4. ERDGASDURCHFLUSSMESSUNG MIT DEM PROFILSENSOR

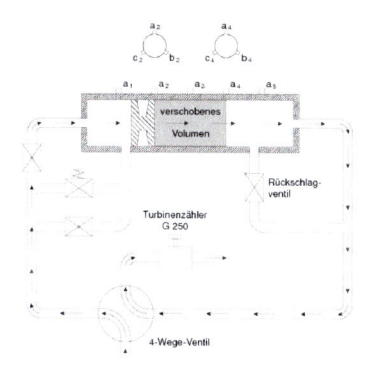

Abbildung 4.1.: Aufbau der Rohrprüfstrecke. Quelle: PTB/E.ON Ruhrgas AG.

reduziert werden. Damit lassen sich perspektivisch sehr hohe Zeitauflösungen der Durchflussmessung erreichen.

Der Aufbau der Messstrecke für das optische Durchflussnormal ist in Abb. 4.2 dargestellt. Die Prüfstrecke besteht aus drei Abschnitten: Der Zuflusskonfiguration, dem Düsenmodul und der Lavaldüsenstaffel. Die Zuflusskonfiguration hat eine Länge von ca. 20 m. Am Anfang der Zuflusskonfiguration ist ein 1 m langer Bereich, in dem Streuteilchen eingebracht werden. Dies geschieht über einen speziell entwickelten Generator, der bis zu einem Gegendruck von 100 bar arbeiten kann. Die Streuteilchen aus DEHS (Di-Ethyl-Hexyl-Sebacat) haben einen Durchmesser < 1 μm. Die folgende 18 m lange gerade Rohrstrecke dient zur Erzeugung einer voll entwickelten Strömung. Im nun folgenden Düsenmodul komprimiert eine mit Hilfe von numerischen Modellen entwickelte Düse die Strömung auf einen Radius von $R_0 = 31{,}8$ mm, was einem Kontraktionsverhältnis von 49:1 entspricht. Das Ziel ist dabei die Erzeugung einer Strömung hinter der Düse, welche eine möglichst kleine Scherschicht hat und einen großen inneren Bereich mit nahezu konstanter Geschwindigkeit und einem Turbulenzgrad nahe Null. Bei einer Temperatur von 20 °C, einer dynamischen Viskosität des Erdgases von $\mu \approx 12{,}5 \times 10^{-6}$ Pas, einer Dichte von $\rho \approx 43{,}9$ kg/m³ und einer Mittengeschwindigkeit von $v_0 \approx 13{,}5$ m/s beträgt die Reynolds-Zahl der Strömung etwa $\mathrm{Re} = 2R_0 \rho v_0 / \mu = 2{,}85 \cdot 10^6$. Im Bereich hinter der Düse sind zwei Zugangsfenster zur Messung der Strömung mit optischen Methoden eingebaut. Es folgt eine Diffusorstrecke, die zu einer Lavaldüsenstaffel führt. Die Lavaldüsen sind kritische Düsen, das heißt aufgrund der Düsengeometrie hat die Strömung im inneren Bereich der Düse ab einem kritischen Differenzdruck exakt Schallgeschwindigkeit. Sie dienen damit der Stabilisierung des Durchflusses auf einen konstanten Referenzwert. Die optischen Eigenschaften des 4 cm dicken Glasfensters, durch das die Messung erfolgte, wurden detailliert untersucht (siehe Anhang E).

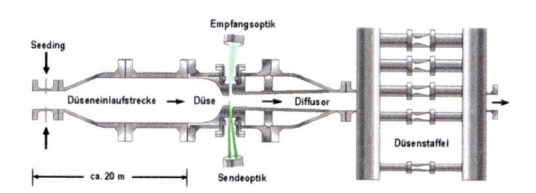

Abbildung 4.2.: Messstrecke für das optische Durchflussnormal.

4.3. Das Profilsensor-Messsystem mit Frequenzmultiplex

4.3.1. Gesamtaufbau

Das für die Messung an *pigsar* eingesetzte Messsystem hat einen modularen Aufbau (siehe Abb. 4.3). Das Licht eines Nd:YVO$_4$-Lasers wird in einem optischen Aufbau in vier Strahlen aufgeteilt. Mittels dreier akusto-optischer Modulatoren, die mit den Referenzfrequenzen 60 MHz, 80 MHz und 120 MHz betrieben werden, werden drei der Strahlen frequenzverschoben, während ein Strahl die Originalfrequenz des Lasers beibehält. Die vier Strahlen werden separat in Singlemode-Fasern eingekoppelt, die das Licht zum Messkopf leiten. Dieser ermöglicht die für den Profilsensor notwendige Verschiebung der Strahltaillen und die präzise Überlagerung der Strahlen. Die verwendeten Streifensysteme im Messsystem haben eine Trägerfrequenz von 20 MHz und 120 MHz. Mittels einer Detektionsoptik wird das von Streuteilchen im Messvolumen gestreute Licht in eine Multimode-Faser eingekoppelt und zum Fotodetektor geleitet. Durch eine Mischerschaltung werden aus dem Fotodetektorsignal die zu beiden Streifensystemen gehörenden Burstsignale elektronisch getrennt und ins Basisband heruntergemischt. Zur Digitalisierung wird eine in einen PC eingebaute Messkarte verwendet. Mittels der Signalverarbeitung werden die Dopplerfrequenzen der beiden Burstsignale ermittelt, aus denen die Geschwindigkeit des Streuteilchens und seine Position im Messvolumen bestimmt werden. Als FDM-System mit separaten Sendemodulen hat das Messsystem die in Tabelle 2.1 genannten Vorteile.

Durch den modularen Aufbau kann das Messsystem an verschiedene Anforderungen angepasst werden, die eine Messaufgabe stellt. Diese können z. B. durch geometrische Gegebenheiten (erforderlicher Mindestabstand, Zugänglichkeit für die Detektionsoptik), die erwarteten Strömungsstrukturgrößen, die eingesetzten Streuteilchen oder sicherheitsrelevante Kriterien gegeben sein. So erfolgte für verschiedene Anwendungen ein Austausch des Lasers und der Singlemode-Fasern, die Verwendung unterschiedlicher Messköpfe und die Verwendung unterschiedlicher Detektionsoptiken in angepassten Streurichtungen. Varianten des Messsystems wurden eingesetzt für die Messung von turbulenten Kanalströmungen (Anhang A), die Messung einer elektromagnetisch beeinflussten Elektrolytströmung [Shi09b] und zur Zweipunkt-Korrelationsmessung in einer turbulenten Scherströmung [Neu09].

Das Messsystem für die Messung an *pigsar* musste die folgenden Bedingungen erfüllen:

- In der Messhalle dürfen aus Gründen des Schutzes vor einer Erdgasexplosion keine elektrischen Geräte verwendet werde. Dies erforderte den Aufbau eines passiven Messkopfs, zu dem das Laserlicht über 25 m lange Fasern geleitet wurde. Genauso musste die Rückleitung des Streulichts über eine 25 m lange Multimode-Faser erfolgen. Der Laser selbst, der AOM-Aufbau, der Detektor und der PC befanden sich in einem Nebengebäude.

- Aus Gründen der Zugänglichkeit war ein Arbeitsabstand von mindestens 500 mm erforderlich.

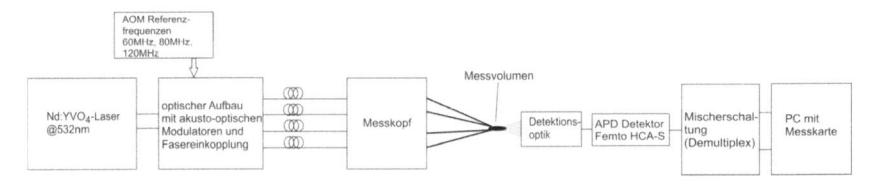

Abbildung 4.3.: Modularer Aufbau des FDM-Systems.

- Es war eine Ortsauflösung < 100 µm erforderlich zur adäquaten Auflösung der Scherschicht.
- Die Messung musste durch ein Glasfenster von 40 mm Dicke erfolgen. Daher waren WDM-Systeme aufgrund der Dispersionsproblematik von vornherein ausgeschlossen. Der Aufbau erforderte ferner eine Kalibrierung des Messsystems unter Verwendung einer baugleichen Glasscheibe.

Im folgenden wird der Aufbau des Messsystems detailliert beschrieben: der Laser Verdi V5, die Frequenzmultiplexeinheit, der Messkopf, die Detektionseinheit sowie die Mischerschaltung und die Signalverarbeitung.

4.3.2. Laser

Die Messaufgabe stellt in mehrerer Hinsicht Anforderungen an den verwendeten Laser:

- Da kleine Streuteilchen verwendet werden, wird eine ausreichende Laserleistung benötigt.
- Der Profilsensor beruht auf der Interferenz des Lichtes der beiden Arme auf dem Streuteilchen. Die Kohärenzlänge des Lasers muss daher größer als die Pfaddifferenz der beiden Arme sein ($\approx 0{,}5$ m), um eine ausgeprägte Burstsignalmodulation zu ermöglichen.
- Um einen hohen Interferenzkontrast zu erreichen, sollte der Laser polarisiertes Licht aussenden (lineare Polarisation >10:1).
- Das Laserlicht wird in Singlemode-Fasern eingekoppelt, welche nur den gaußschen TEM_{00}-Mode transmittieren. Um starke Leistungsverluste zu verhindern, ist eine hohe Strahlqualität mit einem M^2 nahe 1 erforderlich.
- Eine niedrige Wellenlänge im sichtbaren Bereich führt bei gleichen Strahldurchmessern zu einer höheren Streifenzahl und damit einer besseren Messunsicherheit. Außerdem ist ein sichtbarer Laser erheblich leichter zu justieren als ein IR-Laser.

Als Lichtquelle wurde ein diodengepumpter Festkörperlaser, der Coherent Verdi V5, eingesetzt. Als aktives Medium wird $Nd{:}YVO_4$ verwendet. Die Laserwellenlänge von 1064 nm wird durch einen internen Frequenzverdopplungskristall auf 532 nm gebracht. Der Laser hat laut Herstellerangabe eine Kohärenzlänge von über 100 m. Die Polarisation ist vertikal, mit einem Polarisationsverhältnis größer als 100:1. Der Laser erfordert eine Wasserkühlung, da aufgrund der Befestigung auf einem Breadboard keine gute Wärmeabfuhr gewährleistet ist. Weitere wichtige technische Daten des Lasers wurden durch Messungen überprüft.

a) Die maximale Gesamtleistung wurde mittels eines Leistungsmessgeräts gemessen.

b) Die Laserleistung wurde über zwei Stunden mittels des Lawinen-Fotodetektors aufgenommen. Daraus ergaben sich Werte für die Durchschnittsleistung und die Fluktuation der Laserleistung.

c) Zur Bestimmung des Strahldurchmessers wurde der Strahl in 25 cm Entfernung mit einem Beam-Profiler in horizontaler und vertikaler Richtung vermessen.

d) Zur Bestimmung der Beugungsmaßzahl M^2 wurde der Laserstrahl mit einem Achromaten der Brennweite 100 mm im Abstand von 25 cm vom Austrittsfenster fokussiert und es wurde der Verlauf des horizontalen und vertikalen Strahldurchmessers vermessen. Durch Regression mit der Modellkaustikfunktion

$$D(z) = D_0 \sqrt{1 + (4M^2(z - z_0)\lambda/(\pi D_0))^2} \qquad (4.3)$$

wurde der Wert für M^2 ermittelt [Eic04]. Dabei steht D_0 für den Strahldurchmesser in der Strahltaille und z_0 für die Strahltaillenposition. Tabelle 4.1 fasst die Eigenschaften des Laser zusammen.

	Herstellerspezifikation	Messung
Maximalleistung	>5 W	5,5 W
Langzeitdrift	±1 %	±2,5 %
Optisches Rauschen	<3 % rms (bis 1 GHz)	<5,5 % rms (bis 200 MHz)
Strahldurchmesser	2,25 mm±10 %	2,8 mm (horizontal)
		2,5 mm (vertikal)
Beugungsmaßzahl	<1,1	1,40 (horizontal)
		1,22 (vertikal)

Tabelle 4.1.: Spezifikationen des Lasers Verdi V5.

Abweichungen in der gemessenen Beugungsmaßzahl vom Herstellerwert sind erfahrungsgemäß durchaus üblich. Eine mögliche Erklärung ist eine Verschlechterung der Stahlqualität durch den Messaufbau, da die verwendete Linse nicht aberrationsfrei ist. Der Langzeitdrift von ±2,5 % ist für den Messaufbau irrelevant, da jeder Burst separat ausgewertet wird und keine Absolutwerte verglichen werden. Die Abweichung des gemessenen optischen Rauschens ist vermutlich durch den Messprozess begründet, da für die Messung ein empfindlicher Lawinenfotodetektor verwendet wurde, auf den eine geringe maximale Lichtleistung auftreffen darf. Das relative Schrotrauschen skaliert aber mit $1/\sqrt{P}$ mit der Lichtleistung [Fis09]. Die Messung mit einem weniger empfindlichen Detektor würde eine höhere detektierte Lichtleistung gestatten und daher vermutlich zu geringerem gemessenen Rauschen führen.

Mit den gemessenen Kenndaten erfüllt der Coherent V5 die oben geschilderten Voraussetzungen für den Messaufbau.

4.3.3. Frequenzmultiplex mit akusto-optischen Modulatoren

Das FDM-System beruht auf der Verwendung von vier Sendestrahlen mit leicht unterschiedlicher Frequenz. Ein Streifensystem wird von einem Strahlenpaar mit einer Differenzfrequenz von 20 MHz gebildet, das andere von einem Strahlenpaar mit einer Differenzfrequenz von 120 MHz. Diese Differenzfrequenzen erscheinen im Fotodetektorsignal als Trägerfrequenzen. Ein im Messvolumen stehendes Streuteilchen sendet Signale mit den Trägerfrequenzen aus. Ein bewegtes Teilchen erzeugt Burstsignale, bei denen die jeweiligen Dopplerfrequenzen zu den Trägerfrequenzen hinzuaddiert sind. Um die Sendestrahlen mit unterschiedlichen Frequenzen zu erhalten, werden akusto-optische Modulatoren (AOMs) eingesetzt.

Ein AOM besteht aus einem Kristall, an dem ein piezo-elektrischer Wandler befestigt ist. Durch Anlegen einer HF-Hochspannung wird der piezoelektrische Wandler in Schwingung versetzt, was eine wandernde Ultraschall-Welle im Kristall erzeugt. Da diese Welle in Form von lokalen Druckschwankungen im Kristall transportiert wird, bildet sich ein wanderndes Brechungsindex-Gitter im Kristall. Von einem in die Apertur des AOMs eintretender Laserstrahl wird gemäß dem Bragg-Winkel θ_B mit

$$\sin\theta_B = \frac{\lambda}{2\Lambda} \qquad (4.4)$$

(siehe [Yar97]) ein Teil der Leistung in die 1. Beugungsordnung gebeugt. Hier ist λ die Lichtwellenlänge im Kristall und Λ die Schallwellenlänge im Kristall. Ein von der am piezo-elektrischen Wandler anliegenden Radiofrequenz(RF)-Leistung abhängiger Teil des Strahls wird ungebeugt in der nullten Ordnung transmittiert. Weil die Lichtbeugung an einem bewegten Objekt stattfindet, erhöht sich die Lichtfrequenz des gebeugten Strahls aufgrund des Doppler-Effektes um die Frequenz der Ultraschallwelle. Um eine optimale Beugungseffizienz zu erzielen, sollte der AOM so justiert sein, dass die Propagationsrichtung der Schallwelle genau die Winkelhalbierende zwischen eintretendem und austretendem Strahl ist (Bragg-Bedingung). Ebenso kann der Winkel zwischen Laserstrahl und Schallwelle so gewählt werden, dass eine Dopplerverschiebung zu niedrigen Frequenzen hin stattfindet (Beugung in die -1. Ordnung). Die Gleichung (4.4) wird dabei mit negativem Vorzeichen vor dem rechten Term erfüllt. Durch die Variation der Spannung und der Frequenz des an den AOM angelegten RF-Signals können die Leistung des gebeugten Strahls sowie seine aufgenommene Dopplerfrequenz und damit auch der Beugungswinkel kontrolliert werden. Die AOM der Firma AA Opto Electronic sind speziell für den sichtbaren Bereich ausgelegt, indem die Kristalle mit einer Antireflexbeschichtung für den Bereich 450 nm bis 700 nm versehen wurden. Die Kristalle sind aus TeO_2, haben einen Brechungsindex von 2,26 und eine longitudinale Schallgeschwindigkeit von 4200 m/s. Die AOM ermöglichen die Ansteuerung mit einer Trägerfrequenz von 60 MHz (erster AOM), 80 MHz (zweiter AOM) und 120 MHz (dritter AOM) mit einer Bandbreite von 5 MHz. Die Ansprechzeit („Rise Time") hängt vom Durchmesser des Strahls im AOM ab und beträgt ca. 160 ns/mm. Die Apertur der AOM beträgt 1 mm. Sie werden mit einer RF-Leistung von maximal 1 W getrieben.

In Abb. 4.4 ist der gesamte Aufbau gezeigt, der zur Erzeugung der vier Strahlen unterschiedlicher Frequenz eingesetzt wird. Dieser Aufbau, inklusive Laser, ist auf einem Breadboard montiert. Die Position des Lasers ist durch Klemmen fixiert. Wenn ein Transport des Aufbaus nötig ist, kann der Laser abmontiert werden und später wieder in der durch die Klemmen vorgegebenen Lage eingebaut werden. Der aus dem Laser tretende Strahl muss zunächst durch ein Teleskop in seinem Durchmesser auf eine Strahlgröße gebracht werden, die für die Apertur der AOM angemessen ist. Durch ein 2,5:1-Teleskop (Brennweiten $f_1 = 100$ mm, $f_2 = 40$ mm) wird der Strahl auf einen Durchmesser von ca. 0,8 mm gestaucht. Dieser Wert ist insofern optimal, als er im Maximalbereich der AOM-Apertur ist und somit eine möglichst geringe Leistungsdichte auf dem Kristall mit sich bringt. Dies kann für Anwendungen mit hoher Leistung entscheidend sein, da die maximale Lichtleistung der AOMs auf <5 W/mm^2 spezifiziert ist. Beim Aufbau des Teleskops wurde darauf geachtet, dass der austretende Strahl seine Strahltaille etwa dort hat, wo die Fasereinkopplung stattfindet. Durch drei polarisationsunabhängige 50:50 Strahlteilerwürfel werden vier Strahlen von annähernd gleicher Leistung erzeugt. Sämtliche Spiegel oder Prismenstrahlteiler ruhen auf mechanisch traversierbaren oder mehrachsig verkippbaren Optikhalterungen, damit eine präzise und möglichst unabhängige Justierbarkeit der vier Strahlen möglich ist, was essen-

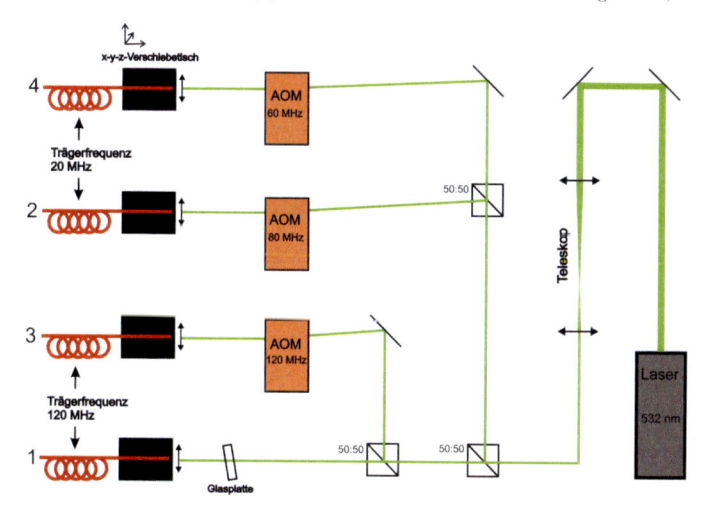

Abbildung 4.4.: Optischer Aufbau zur Erzeugung von vier Strahlen unterschiedlicher Frequenz mittels akusto-optischer Modulatoren.

KAPITEL 4. ERDGASDURCHFLUSSMESSUNG MIT DEM PROFILSENSOR

	Strahl 1 0 Mhz	Strahl 2 80 MHz	Strahl 3 -120 MHz	Strahl 4 60 MHz
Strahl 1: 0 MHz	-	-80 MHz	*120 MHz*	-60 MHz
Strahl 2: 80 MHz		-	200 MHz	*20 MHz*
Strahl 3: -120 MHz			-	-180 MHz
Strahl 4: 60 MHz				-

Tabelle 4.2.: Schwebungsfrequenzen zwischen den Strahlen des Profilsensors. Die für die beiden Streifensysteme verwendeten Schwebungsfrequenzen sind kursiv hervorgehoben. Die Vorzeichen beziehen sich auf die Richtung, in die das Streifensystem wandert.

tiell für die Einkopplung in Singlemode-Fasern ist. Der erste der Strahlen passiert keinen AOM, dafür aber eine um zwei Achsen verkippbare Glasplatte von 3 mm Dicke, welche zur Feinjustage der Strahllage dient. Die anderen drei Strahlen passieren jeweils einen AOM. Die AOM sind so ausgerichtet, dass an den AOM der Strahlen 2 und 4 die Beugung in die 1. Beugungsordnung genutzt wird, während der Strahl 3 in die -1. Ordnung gebeugt wird. Dies dient dem Zweck, die Signale der nicht ausgewerteten Streifensysteme zu möglichst hohen Trägerfrequenzen weit außerhalb der Trägerfrequenzen der genutzten Streifensysteme zu verschieben. Tabelle 4.2 stellt die Schwebungsfrequenzen zwischen den einzelnen Strahlen dar. Die für die Messung verwendeten Schwebungsfrequenzen sind kursiv gedruckt. Die nicht verwendeten Schwebungsfrequenzen liegen betragsmäßig mindestens 40 MHz von den verwendeten entfernt. Sie werden durch die Mischerschaltung herausgefiltert. Die Steuerspannung der AOMs ist so optimiert, dass sich eine maximale Beugungseffizienz einstellt (ca. 80 %). Die ungebeugten Strahlen (0. Beugungsordnung) sind aus Übersichtsgründen nicht in Abb. 4.4 eingezeichnet. Sie werden bei der Fasereinkopplung blockiert.

Für den Messkopf werden 25 m lange Singlemode-Fasern mit Polarisationserhaltung verwendet. Der Modenfelddurchmesser dieser Fasern beträgt 3.5 µm. Die Fasern sind schräg in einem Winkel von 8° geschliffen (FC/APC-Stecker). Dadurch wird der beim Einkoppeln an der Grenzfläche rückreflektierte Lichtanteil nicht direkt in den optischen Pfad und damit in den Laser zurückreflektiert, was zu instabilem Laserbetrieb führen könnte. Die Faserhalterungen sind zusätzlich leicht verkippt, damit die Propagationsrichtung des eingekoppelten Lichtes nach Brechung an der Grenzfläche entlang der Faserrichtung verläuft. Die Faserhalterungen ruhen auf Verstelltischen, die manuell mit einer Genauigkeit im Sub-Mikrometerbereich in x-, y- und z-Richtung positioniert werden können. Vor der Faserhalterung befindet sich eine unbewegliche asphärische Singlet-Linse. Die Wahl der Brennweite der Linse ist von wesentlicher Bedeutung, da sie den Strahldurchmesser im Fokus bestimmt und eine möglichst exakte Anpassung des auf die Faserendfläche eintreffenden Strahls mit dem Modenfelddurchmesser anzustreben ist. Eine ungenaue Anpassung, d. h. ein zu großer oder zu kleiner Strahldurchmesser, führt unweigerlich zu starken Leistungsverlusten bei der Einkopplung. Mit der Näherungsformel für die Fokussierung mit dünnen Linsen kann man die benötigte Brennweite f abschätzen [Sve98]:

$$f = \frac{\pi w_{01} w_{02}}{\lambda} \quad (4.5)$$

Dabei ist w_{02} der Strahlradius nach der Fokussierung und w_{01} der Strahlradius des auf die Linse eintreffenden Strahls. Da der Durchmesser der Fasern mit einer Fertigungstoleranz von typischerweise ±0,5 µm behaftet ist, sollte beim ersten Aufbau einer Singlemode-Fasereinkopplung eine Versuchsreihe mit Linsen unterschiedlicher Brennweite in der Nähe des theoretischen Wertes gefahren werden, um die Einkoppelleistung zu optimieren. Im vorliegenden Fall beträgt $w_{01} \approx 0{,}4$ mm (gemessen). Mit den eingesetzten Linsen mit $f = 4{,}5$ mm ergibt sich damit ein theoretischer Wert $w_{02} = 1{,}9$ µm, was einem fokussierten Durchmesser von 3,8 µm entspricht und somit nahe bei dem spezifizierten Modenfelddurchmesser von 3,5 µm liegt. Ein weiterer wesentlicher Aspekt beim Aufbau ist das möglichst exakte Übereinstimmen des auf die Asphäre einfallenden Strahls mit der Mittenachse der Linse. Für jeden Strahl (bis auf Strahl 1, der über die Glasplatte justiert wird) stehen dafür insgesamt vier Verstellmöglichkeiten auf dem Strahlweg zur Verfügung: Jeweils zwei für die horizontale und zwei für die vertikale Justage. Damit kann jede benötigte Translation und Rotation des Strahls erfolgen. Die erfahrungsgemäß effektivste Einjustage erfolgt unter Verwendung einer Lochblende, die vor der Linse positioniert wird. Der Durchmesser der Lochblende sollte dabei nah am Strahldurchmesser sein, da man dann im Bereich einer hohen Steigung der Intensitätsfunktion $I(r)$ (Strahlintensität in Abhängigkeit vom Radius) justiert. Eine zu kleine oder zu große Blende führt zu einer niedrigen Empfindlichkeit bei der Justage. Hinter der Asphäre wird eine Zielscheibe positioniert, welche beim zentralen Durchschreiten von Blende und Linse mittig getroffen wird. Nach der optimalen Ausrichtung des Laserstrahls wird die Faserhalterung im Brennweitenabstand von der Asphäre montiert. Nachdem mit den Verschiebetischen die maximale Einkopplung erreicht ist, kann die Verkippung der AOMs zur hochpräzisen Endjustage genutzt werden. Die Einkoppeleffizienzen variieren erfahrungsgemäß von Strahl zu Strahl bzw. nach Modifikation des Aufbaus. Ein Wert $> 50\,\%$ sollte angestrebt werden. Die maximale auf die Fasern auftreffende Leistung ist auf 125 mW spezifiziert. Untersuchungen im Labor mit Fasern eines ähnlichen Typs zeigten, dass diese Grenze nicht weit überschritten werden darf, wenn eine Zerstörung der Fasern vermieden werden soll. Der Wert (4×125 mW) stellt somit eine Grenze für die Betriebsleistung des Lasers dar, die um etwa einen Faktor 10 unter der maximalen Laserleistung liegt. Perspektivisch ist die Verwendung von Hochleistungsfasern aus reinem Siliziumdioxid mit einem größerem Kerndurchmesser von 4 µm möglich, welche auf deutlich höhere Einkoppelleistung spezifiziert sind. So wurde für den in Kapitel 5 beschriebenen Aufbau eine dreimal höhere Laserleistung im Messvolumen erreicht.

4.3.4. Messkopf

Der Messkopf wurde speziell für die Messung am Hochdruck-Erdgas-Prüfstand entwickelt. Er dient der Erzeugung eines Messvolumens mit einem konvergentem und einem divergentem Streifensystem. Dazu ist eine Positionierung der Strahltaillen mit einer Genauigkeit von einigen Millimetern notwendig. Die vier Strahlen müssen präziser als 10 µm überlagert werden, da bei einer unzureichenden Überlagerung das Interferenzgebiet kleiner wird und somit die Signalqualität und Streifenzahl abnimmt und außerdem möglicherweise die Anzahl der beim Koinzidenztest validierten Bursts (siehe Abschnitt 2.6) reduziert wird. Abbildung 4.5 zeigt ein Foto des Messkopfs. Er besteht aus vier auf eine Grundplatte befestigten Modulen, von denen jedes einen Strahl aussendet, dessen Ausrichtung und Strahltaillenpositionen eingestellt werden kann. Die beiden vorderen Module erzeugen das erste und die beiden hinteren Module das zweite Streifensystem. Der halbe Kreuzungswinkel zwischen den Strahlen eines Strahlenpaares beträgt 5,1°. Für den Messkopf wurden keine mechanischen Federelemente verwendet, da diese eine erhöhte Gefahr der Dejustage mit sich bringen. Um eine hohe Stabilität zu gewährleisten sind die Gehäuse aus massivem Aluminium gefertigt. Die Bodenplatte ist aus Aluminium und hat eine Dicke von 10 mm, um die Gefahr der Verbiegung zu minimieren. Der Messkopf hat einen Arbeitsabstand von 560 mm.

Der Aufbau mit Einzelmodulen hat gegenüber dem konventionellen LDA mit einer großen Frontlinse den Vorteil geringerer Aberrationen. Bei einem Aufbau mit einer einzelnen Frontlinse wird diese in den Randbereichen passiert, was zu sphärischen Aberrationen, Koma und Astigmatismus führt. Bei dem hier vorliegenden Aufbau wird für jedes einzelne Modul eine Frontlinse annähernd zentral durchschritten. Der Querschnitt durch ein Modul ist in Abb. 4.6 zu sehen. Das Licht tritt aus den Fasern mit einem Modenfelddurchmesser von 3,5 µm aus. Es passiert eine asphärische Kollimationslinse der Brennweite 18,4 mm, die zur Positionierung der Strahltaille dient. Mittels eines Risley-Prismenpaars kann die Strahllage eingestellt werden [Sch06b]. Die Fokussierung des Strahls geschieht über eine Frontlinse mit 500 mm Brennweite. Aufbau und Justage sind in Anhang C genauer beschrieben.

Abbildung 4.5.: Faseroptischer Messkopf des Profilsensors zur Messung in der Hochdruck-Erdgas-Strömung. Der Arbeitsabstand des Messkopfs beträgt 560 mm. Die vier Strahlen sind schematisch eingezeichnet.

Aufgrund der Leistungsverluste bei der Fasereinkopplung und beim Durchlaufen der optischen Elemente wird bei einer auf jede Faserfläche auftreffenden Leistung von 125 mW etwa 40 mW pro Strahl erreicht, so dass die Gesamtleistung im Messvolumen ca. 160 mW beträgt.

4.3.5. Detektionseinheit

Das Ziel der Detektionsoptik besteht in der Einkopplung des von den Teilchen im Messvolumen gestreuten Laserlichts. Dabei ist der Arbeitsabstand wieder durch den geometrischen Aufbau des Messstrecke auf mindestens 500 mm vorgegeben. Aufgrund der stärker ausgeprägten Streucharakteristik wurde in Vorwärtsrichtung detektiert. Abb. 4.7 stellt den Aufbau schematisch dar. Zur Sammlung und anschließenden Fokussierung des Streulichts dienen zwei antireflexbeschichtete Achromate mit 86 mm freiem Durchmesser. Die Brennweite der empfangsseitigen Linse beträgt

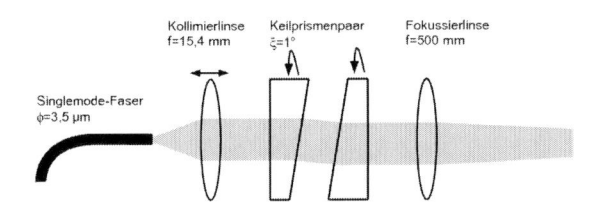

Abbildung 4.6.: Querschnitt durch ein Modul des Profilsensormesskopfs.

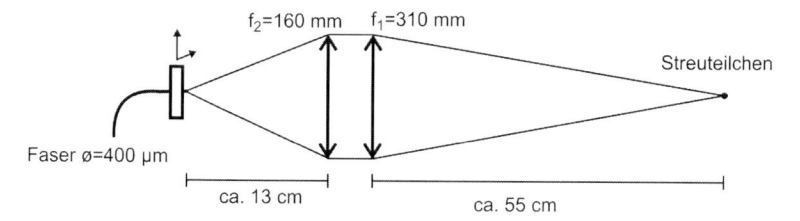

Abbildung 4.7.: Der Aufbau der Detektionsoptik für die Messung des Streulichts in Vorwärtsstreuung.

$f_1 = 310$ mm, die der fokussierenden Linse $f_2 = 160$ mm. Aus Stabilitätsgründen befinden sich die Linsen in einem massiven Aluminium-Rahmen. Das Streulicht wird in eine Multimode-Faser mit Durchmesser 400 µm, einer numerischen Apertur von NA = 0, 37 und einer Länge von 25 m eingekoppelt. Die Halteplatte, an der die Faser befestigt ist, erlaubt eine laterale Feinpositionierung der Faserendfläche. Die empfangsseitige numerische Apertur der Detektionsoptik ist durch den Durchmesser der Linsen bestimmt und beträgt ca. 0,08. Das rückwärts betrachtete Bild der Faserendfläche im Messvolumen hat einen Durchmesser von etwa 1,75 mm. Es ist somit leicht möglich, das Messvolumen voll mit der Detektionsoptik zu erfassen. Die Einjustage der Detektionsoptik erfolgt durch das Einkoppeln der vier Sendestrahlen in die Faser. Anschließend werden die Sendestrahlen blockiert, so dass nur Streulicht in die Faser eingekoppelt wird.

Die Leistung von dem an einem einzelnen Streuteilchen gestreuten Licht betrug im Maximum des Burstsignals typischerweise etwa 500 nW. Zur Detektion wird ein Breitbandlawinendetektor (Bandbreite ca. 200 MHz) vom Typ HCA-S der Firma Femto eingesetzt. Die Empfindlichkeit des Detektors beträgt 0,4 V/µW bei 532 nm. Somit haben die typischen Burstsignale eine Maximalamplitude von ca. 200 mV.

4.3.6. Mischerschaltung und Signalverarbeitung

Das Ausgangssignal des Fotodetektors wird von einer Mischerschaltung elektronisch weiterverarbeitet, um die zu den beiden Streifensystemen gehörenden Burstsignale zu trennen und die Trägerfrequenz zu beseitigen. Der Aufbau der Mischerschaltung ist in Abb. 4.8 dargestellt. Zunächst wird das Fotodetektorsignal aufgeteilt und jeweils auf einen multiplikativen Mischer gegeben. Dieser wird im zweiten Eingang mit einem Sinussignal der Referenzfrequenz betrieben, die der

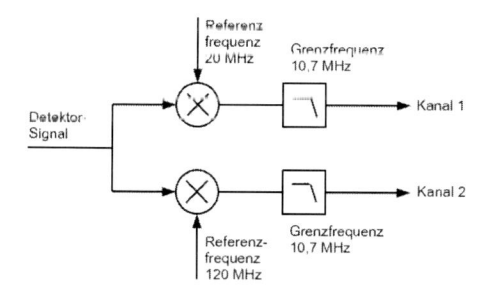

Abbildung 4.8.: Die Mischerschaltung zur Trennung der Burstsignale der beiden Streifensysteme aus dem Fotodetektorsignal.

Trägerfrequenz des jeweiligen Streifensystems entspricht. Diese Referenzfrequenzen stammen von den Treibern der AOMs. Daher werden Frequenzschwankungen der AOM-Treiber beim Passieren der Mischerschaltung kompensiert. Beim Mischen entstehen Summen- und Differenzfrequenz der Eingangssignale des Mischers. Durch einen anschließenden Tiefpassfilter der Grenzfrequenz 10,7 MHz wird die Summenfrequenz gefiltert, so dass jeweils nur noch das trägerfrequenzfreie Burstsignal im Basisband transmittiert wird.

Zur Digitalisierung der Burstsignale wird eine Messkarte der Firma Gage vom Typ CS1250 verwendet, die eine Auflösung von 12 bit hat und mit einer Abtastfrequenz von 25 MS/s betrieben wird. Da die volle Bandbreite der Eingangssignale (mit Rauschen) aufgrund der vorigen Filterung etwa 10,7 MHz beträgt, ist das Nyquist-Abtasttheorem erfüllt, so dass keine störenden Aliasing-Effekte auftreten.

Die Signalverarbeitung dient dem Ziel, die Frequenzen der beiden Burstsignale zu bestimmen und somit die Position und die Geschwindigkeit des gemessenen Teilchens zu ermitteln. Dazu wird ein Algorithmus in MatLab verwendet, der auf der kombinierten QDT-/FFT-Technik (siehe Abschnitt 2.6) beruht.

4.4. Charakterisierung des Messsystems

Die Charakterisierung des Messsystems umfasst die in Abschnitt 2.7 dargestellte Messung der Kaustikkurve und Kalibrierung. Da die Messung an *pigsar* durch eine 4 cm dicke Glasscheibe erfolgte, wurde vorher der Einfluss dieser Glasscheibe auf das Strahlpropagationsverhalten und die Kalibrierung untersucht. Diese Untersuchungen sind in Anhang E dargestellt. Die hier dargestellten Ergebnisse stammen aus Kaustik- und Kalibriermessungen mit Glasscheibe. Die positive Richtung auf der Positionsachse ist stets so gewählt, dass sie entlang der optischen Achse des Sensors vom Sensor weg zeigt.

Bei einer idealen Teleskopabbildung mit den in den Sendemodulen enthaltenen Linsen der Brennweiten $f_1 = 18,4$ mm und $f_2 = 500$ mm und einem Modenfelddurchmesser von $\phi = 3,5\,\mu\text{m}$ beträgt der erwartete Strahldurchmesser ca. $D_0 = 95\,\mu\text{m}$. Im Aufbau ist aber aus zwei Gründen ein davon abweichender Wert zu erwarten. Erstens wurde das Modul aus Platzgründen nicht als ideales Kepler-Teleskop aufgebaut. Zweitens gelten bei einem Strahltaillendurchmesser von 3,5 μm die Gesetze der geometrischen Optik nur noch näherungsweise, da der Wert bereits in der Nähe der Lichtwellenlänge liegt. Abbildung 4.9 zeigt die gemessenen Kaustikkurven. Die mittels Fit gewonnenen Parameter für die Strahltaillenposition z_0, den Strahltaillendurchmesser D_0 und die Beugungsmaßzahl M^2 der vier Strahlen zeigt Tabelle 4.3. Der mittlere Strahldurchmesser beträgt 135 μm. Damit ergibt sich eine Rayleigh-Länge von $z_R = 27$ mm. Die Positionierung der Strahltaillen erfolgte genauer als 5 mm in Bezug auf die Rayleigh-Länge, wobei die Abweichung der Beträge der Taillenpositionen relativ zueinander geringer als 1,9 mm ist. Die niedrigen Werte für die Beugungsmaßzahl sprechen für eine Abbildung mit geringen Aberrationen.

In Abb. 4.10(a) sind die gemessenen Streifenabstandsverläufe dargestellt. Das Streifensystem

	z_0 in mm	D_0 in μm	M^2
Strahl 1	22,6	132	1,3
Strahl 2	-23,9	140	1,0
Strahl 3	22,6	130	1,3
Strahl 4	-22,0	138	1,1

Tabelle 4.3.: Strahltaillenpositionen, Strahldurchmesser und Beugungsmaßzahl der vier Strahlen.

mit Träger 20 MHz (Strahlen 2 und 4) ist divergent und das Streifensystem mit Träger 120 MHz (Strahlen 1 und 3) konvergent. Durch Quotientenbildung lässt sich aus den Streifenabstandsfunktionen die Ortskalibrierfunktion $q(z)$ bilden (siehe Abb. 4.10(b)). Die Steigung der Kalibrierfunktion beträgt $0{,}040\,\text{mm}^{-1}$, was in guter Übereinstimmung mit dem nach [Büt04] bestimmten theoretischen Wert von $\mathrm{d}q/\mathrm{d}z = \cos\alpha/z_R = 0{,}037\,\text{mm}^{-1}$ ist. Die $1/e^2$-Länge des Messvolumens beträgt $L = 3{,}3\,\text{mm}$. Aufgrund der niedrigen Signalqualität im Randbereich wurde für die Messung nur ein empirisch ermittelter Bereich mit einer Länge von 900 µm genutzt. Bei der Kalibrierung wurde die relative Standardabweichung der Frequenzmessung an jeder Position ermittelt, siehe Abb. 4.11. Die gemittelten Werte betragen $3{,}8 \cdot 10^{-4}$ für den Kanal mit 20 MHz Träger und $3{,}5 \cdot 10^{-4}$ für den Kanal mit 120 MHz Träger. Daraus lassen sich nach (2.12) eine Ortsauflösung von 13 µm und eine Geschwindigkeitsauflösung von $6 \cdot 10^{-4}$ abschätzen. Tabelle 4.4 fasst die Messeigenschaften des FDM-Systems zusammen.

mittlerer Strahltaillendurchmesser	135 µm
mittlere Rayleigh-Länge	27 mm
Steigung der Kalibrierkurve	$0{,}040\,\text{mm}^{-1}$
Ortsauflösung	13 µm
Geschwindigkeitsauflösung	$6 \cdot 10^{-4}$
Messbereich	900 µm
Leistung im Messvolumen	160 mW

Tabelle 4.4.: Messeigenschaften des Profilsensorsystems für die Durchflussmessung.

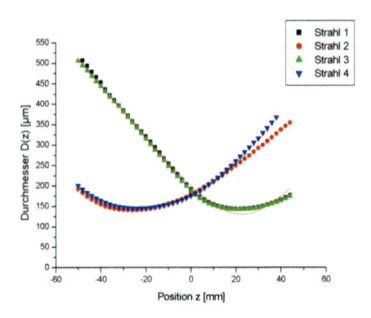

Abbildung 4.9.: Kaustikkurven der vier Strahlen.

(a) Streifenabstände.

(b) Ortskalibrierfunktion.

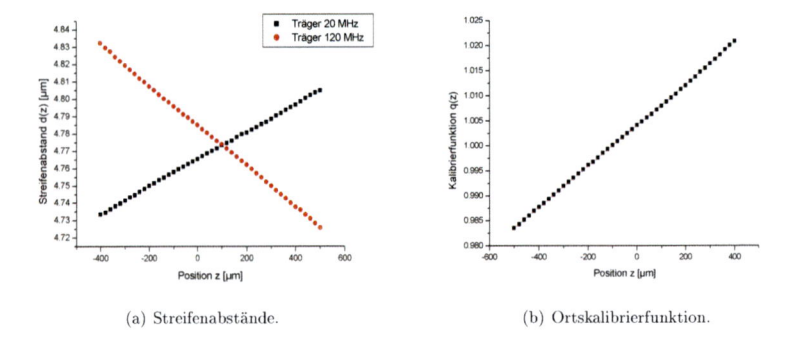

Abbildung 4.10.: Streifenabstände und Ortskalibrierfunktion.

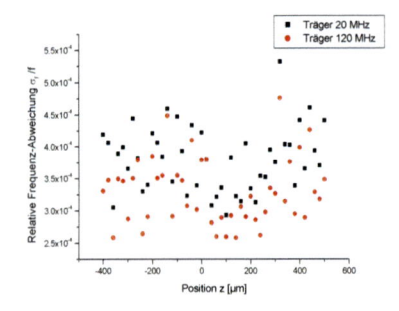

Abbildung 4.11.: Relative Standardabweichung der Frequenzmessung bei der Kalibrierung.

4.5. Aufbau des Messsystems am Messort

Messkopf und Detektionsoptik sind auf einer massiven Traversierplattform aufgebaut (siehe Abb. 4.12). Dabei ist die Achse zwischen Messkopf und Detektionsoptik orthogonal zur Strömungsrichtung des Fluids angeordnet (siehe Abb. 4.13(a)). Sowohl der Messkopf als auch die Detektionsoptik sind zur Grobjustage auf je einer Schiene befestigt, die eine Verschiebung in axialer Richtung (z-Richtung) zulässt. Die Traversierplattform dient zur gleichzeitigen Traversierung beider Aufbauten in x-, y-, und z-Richtung. Die Höhe (y-Richtung) wurde so eingestellt, dass sich die Strahlen auf der Mittelachse der Düse befinden. In seitlicher (x-) Richtung wurden die Strahlen so nah wie möglich in Richtung der Düse verschoben, ohne eine Wand zu streifen (siehe Abb. 4.13(b)). Der so erreichte Abstand des Messvolumens von der Düse betrug etwa 2 cm. Es wurden Messungen über die gesamte Breite der Düse vorgenommen.

4.6. Messergebnisse

Neben den Strömungsmessungen mit dem Profilsensorsystem wurden Vergleichsmessungen mit einem konventionellen LDA durchgeführt. Das LDA-Messvolumen hat eine Größe von 300 µm× 300 µm × 1 mm. Um eine hohe Ortsauflösung zu erreichen, wurde das LDA entlang der kurzen Achse des Messvolumens traversiert (siehe Abb. 4.13(c)). Der Profilsensor hingegen wurde entlang seiner langen Achse traversiert, da dies die Achse mit der hohen Ortsauflösung ist. Da in der Mitte des Strömungsprofils eine konstante Geschwindigkeit zu erwarten ist, wurde hier mit einer Schrittweite von 10 mm traversiert, während die Schrittweite im Bereich der Scherschicht 0.5 mm war.

Für die Validierung wurde die SNR-Mindestschwelle auf 0 dB gesetzt. Die gemessenen SNR-Werte der Signale von Streuteilchen betrugen typischerweise zwischen 5 dB und 10 dB. Pro Position des Profilsensors wurden über 100 Datenpunkte aufgenommen. Im Mittenbereich der Strömung betrug die Datenrate 0,5 Hz-1,15 Hz, im Randbereich sank sie auf bis zu 0,05 Hz. Die Messdauer des gesamten Profils betrug 3 Stunden. Als Slotgröße für die Auswertung der Mittelgeschwindigkeit und der Geschwindigkeitsschwankungen wurden 200 µm gewählt (siehe Abschnitt 2.6). Bei der

(a) Sendeoptik.　　　　　　　　(b) Detektionsoptik.

Abbildung 4.12.: Aufbau von Sendeoptik (Messkopf) und Detektionsoptik an der Prüfstrecke. Auf dem Messkopf ist eine Vorrichtung für eine potenzielle Messung in Rückwärtsstreuung aufgebaut.

(a) Sende- und Empfangsoptik.

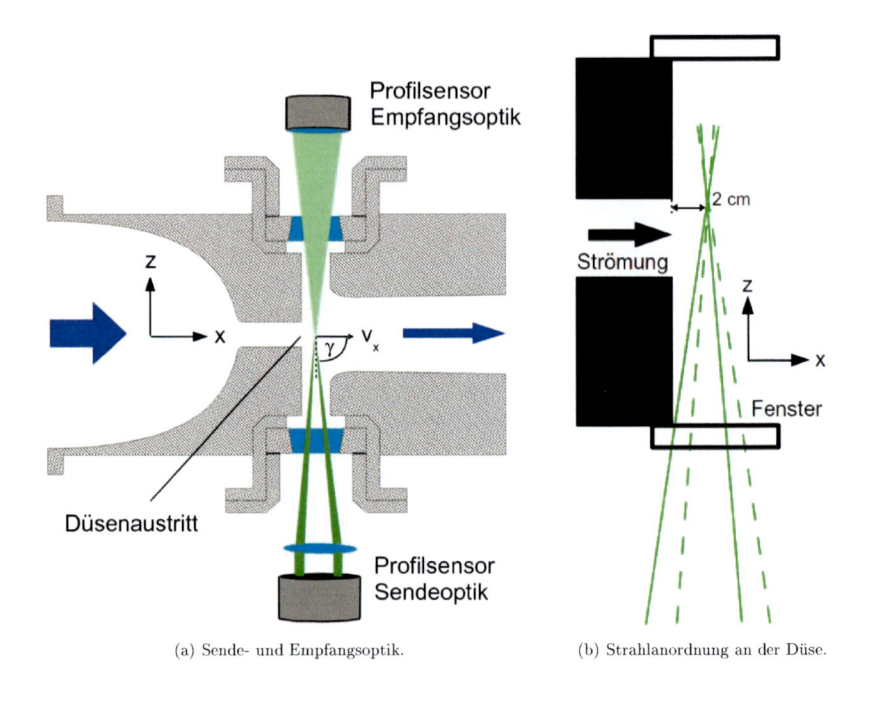

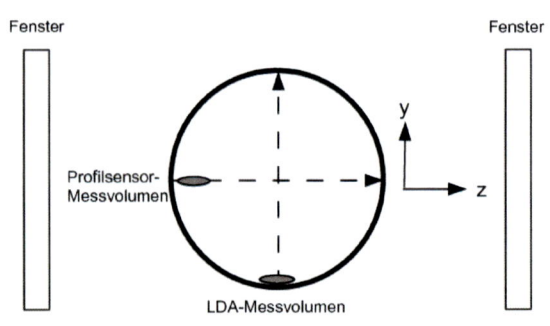

(b) Strahlanordnung an der Düse.

(c) Traversierung der Messvolumina.

Abbildung 4.13.: Anordnung von Sende- und Detektionsoptik orthogonal zur Strömungsrichtung und Traversierung der Messvolumina des LDA und des Profilsensors über die Düsenöffnung.

statistischen Auswertung wurde die Summe der SNR der beiden Kanäle als Wichtungsfaktor verwendet, um Burstsignale höherer Qualität hervorzuheben.

4.6.1. Geschwindigkeitsprofil und Turbulenzgradprofil (Gesamt)

Die Abbildungen 4.14(a) und 4.14(b) zeigen das gesamte mit dem LDA und dem Profilsensor aufgenommene Geschwindigkeitsprofil und Turbulenzgradprofil. Die y-Achse des Turbulenzgradprofils ist in logarithmischer Darstellung aufgetragen, da die Werte hier über mehrere Größenordnungen variieren. Das Geschwindigkeitsprofil ist wie erwartet topfförmig. Der in der Strömungsmitte gemessene Turbulenzgrad beträgt für das LDA ca. 2 %. Für den Profilsensor ist er im Mittel 0,14 %. Der kleinste gemessene Wert beträgt 0,07 %. Der mit dem konventionellen LDA deutlich höher gemessene Wert ist durch die Krümmung des LDA-Streifensystems begründet, welche zu virtueller Turbulenz führt (siehe Abschnitt 2.1). Für die LDA-Messung ließe sich nur die Aussage machen, dass der reale Turbulenzgrad der Strömung in der Mitte geringer als 2 % ist, während die Profilsensormessung zeigt, dass er geringer als 0,14 % ist. Durch den Fehler aufgrund der Streifenabstandsvariation lassen sich auch die positionsabhängigen Schwankungen des Geschwindigkeitsprofils im Strömungsinneren bei der LDA-Messung erklären. Für den Profilsensor sind die Messwerte im Inneren der Strömung (innerhalb der Messunsicherheit des Sensors) auf einer Linie.

4.6.2. Geschwindigkeitsprofil und Geschwindigkeitsfluktuationsprofil (Scherschicht)

Da die Scherschicht große Geschwindigkeitsvariationen auf kleinen Ortsskalen zeigt, wurde sie detaillierter vermessen. Aufgrund des höheren SNRs ist die Validierungswahrscheinlichkeit im zentralen Bereich des Messvolumens größer als am Rand. Daher wurde der Profilsensor in Schritten von 500 µm (ca. die halbe Länge des Messvolumens) traversiert, so dass insgesamt an sieben Positionen gemessen wurde. Pro Position wurden 120 bis 320 Datenpunkte aufgenommen. Die Messung der gesamten Scherschicht dauerte 90 Minuten. Abb. 4.15 zeigt die zu einem Datensatz zusammengefügten gemessenen Orte und Geschwindigkeiten der validierten Streuteilchen für die Grenzschicht auf der negativen z-Achse. Die gewählte Slotweite beträgt wieder 200 µm.

| (a) Geschwindigkeitsprofil. | (b) Turbulenzgradprofil. |

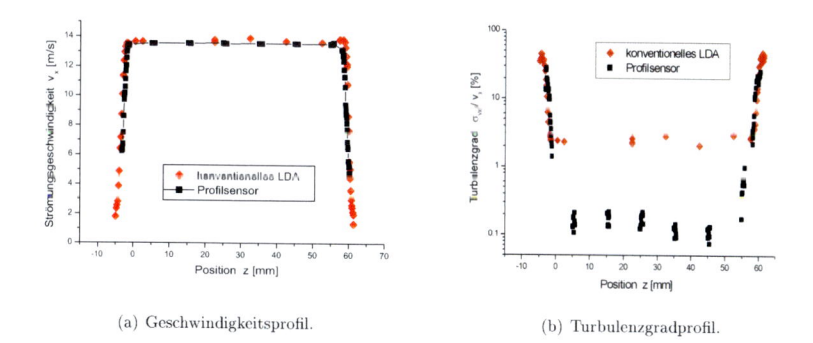

Abbildung 4.14.: Profil der mittleren Geschwindigkeit und des Turbulenzgrades über die gesamte Düsenöffnung. Der Turbulenzgrad ist die Standardabweichung der Geschwindigkeit relativ zur mittleren Geschwindigkeit.

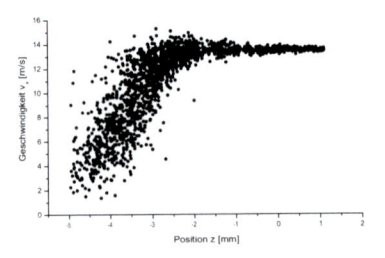

Abbildung 4.15.: Die einzelnen Datenpunkte der Scherschichtmessung. Jeder Punkt repräsentiert ein Streuteilchen, dessen Ort und Geschwindigkeit gemessen wurden.

(a) Geschwindigkeitsprofil.

(b) Geschwindigkeitsfluktuationsprofil.

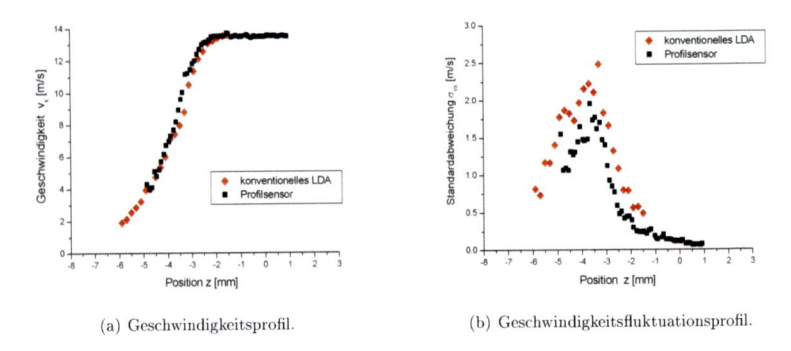

Abbildung 4.16.: Geschwindigkeitsprofil und Geschwindigkeitsfluktuationsprofil in der Scherschicht.

Die Abbildungen 4.16(a) und 4.16(b) zeigen die mittlere Geschwindigkeit und die Standardabweichung der Geschwindigkeit der LDA- und Profilsensormessung. Das mit dem LDA gemessene Grenzschichtprofil weist insgesamt eine etwas größere Ausdehnung in z-Richtung und eine etwas geringere Steigung auf als das mit dem Profilsensor gemessene Profil. Dies könnte eventuell durch einen leicht unterschiedlichen (einige mm) Abstand der Messvolumina des LDA und des Profilsensors zur Düse erklärt werden.

Eine bessere Aussage ließe sich außerdem machen, wenn beide Profile bis zur Geschwindigkeit Null gemessen werden könnten. Dies wird momentan durch die extrem geringe Teilchendichte am Randbereich verhindert, die unter anderem auch dadurch bedingt ist, dass sich die Strömung hinter der Düse mit dem Umgebungsgas mischt, das nicht mit Seeding versehen wurde. Das Geschwindigkeitsfluktuationsprofil zeigt den für turbulente Scherschichtprofile erwarteten Verlauf zu einem Maximum und anschließendem Abfall und ist qualitativ gleich für beide Messungen, allerdings sind die Werte des Profilsensors etwa 0,5 m/s geringer. Relativ gesehen ist der Effekt der virtuellen Turbulenz deutlich weniger gravierend als in der Strömungsmitte, da in der Scherschicht die reale Turbulenz der Strömung gegenüber der virtuellen Turbulenz dominiert.

4.6.3. Durchflussbestimmung

Das ganze gemessene Profil wurde verwendet, um die Durchflussrate Q zu bestimmen. Dazu wurde eine tanh-Funktion [Mic65] genutzt, deren Parameter mit der Methode der minimalen Abweichungsquadrate bestimmt wurden. Der Wert für den so bestimmten Durchfluss beträgt

$$Q = 153,80 \frac{\text{m}^3}{h}. \tag{4.6}$$

Ein Referenzwert wurde aus dem mittels der kritischen Düsenstaffel bestimmten Massendurchfluss ermittelt. Dabei wurden die gemessene Temperatur und Dichte und deren Fluktuationen während der Messung berücksichtigt:

$$Q_{\text{Ref}} = 154,32 \frac{\text{m}^3}{h}. \tag{4.7}$$

Dieser Referenzwert ist mit einer Messunsicherheit von $\pm 0,42$ behaftet (einfache Standardabweichung). Die relative Abweichung des gemessenen Durchflusses vom Referenzwert beträgt

$$\frac{Q - Q_{\text{Ref}}}{Q_{\text{Ref}}} = -0,33\,\%. \tag{4.8}$$

4.7. Beiträge zum Messunsicherheitsbudget der Durchflussbestimmung

Folgende Punkte leisten einen Beitrag zum Messunsicherheitsbudget:

1. Die Messunsicherheit bei der Kalibrierung.
2. Abweichungen des Profils von der theoretischen radialsymmetrischen Form.
3. Abweichungen der Messwerte an einem Punkt durch Slotmittelung.
4. Abweichung durch eine Schrägstellung des Sensors.
5. Abweichung durch eine nicht-mittige Messung des Düsenprofils.
6. Die zufällige Messabweichung der Durchflussmessung.
7. Abweichungen durch die Profilmessung in einem Abstand hinter der Düse.

4.7.1. Messunsicherheit bei der Kalibrierung

Eine Abweichung bei der Kalibrierung wirkt sich als eine Streckung oder Stauchung des gemessenen Profils in der Geschwindigkeitsachse aus. Die Geschwindigkeit der Lochblende ist aus Fertigungsgründen der Kalibrierscheibe mit etwa $1\,\%$ Genauigkeit vorgegeben. Dieser Wert überträgt sich direkt auf die Durchflussmessung.

Um die Messunsicherheit bei der Kalibrierung für zukünftige Messungen zu reduzieren, könnte ein LDA-Kalibriernormal der PTB eingesetzt werden [Mül01, Mül04]. Dieses beruht auf einer rotierenden präzise gefertigten Glasscheibe. Als Streuteilchen wirken Verunreinigungen, die sich auf dem Rand der Scheibe niedersetzen. Lu et. al. [Lu01] berichten eine Gesamtunsicherheit der Kalibrierung von $0,055\,\%$ für ein $95\,\%$-Vertrauensintervall.

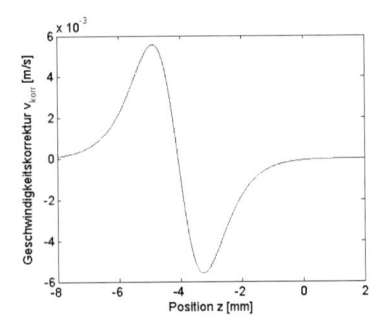

Abbildung 4.17.: Die Korrekturfunktion, die den Effekt der Slotmittelung in der Grenzschicht (siehe Abb. 4.16(a)) auf die ermittelte Geschwindigkeit in Abhängigkeit von der Position beschreibt.

4.7.2. Abweichung des Profils von der Radialsymmetrie

Untersuchungen zu dieser Problematik, in denen das Strömungsprofil in orthogonalen Richtungen vermessen wurde, zeigen, dass die Profilasymmetrie von der Durchflussmenge abhängig sein kann und im günstigen Fall Abweichungen bei der Durchflussmessung zwischen 0,05 % und 0,1 % bedingt [Dop94].

4.7.3. Abweichung durch Slotmittelung

Die Mittelung über die Slotbreite Δ_S führt dazu, dass an der Position z ein falscher gemessener Wert $v_{\text{Slot}}(z)$ anstelle des korrekten Wertes $v(z)$ gemessen wird. Dieser Effekt lässt sich mittels einer Taylor-Entwicklung der Geschwindigkeit bis zum quadratischen Term abschätzen:

$$v_{\text{Slot}}(z) = \frac{1}{\Delta_S} \int_{z-\Delta_S/2}^{z+\Delta_S/2} v(z') dz' \approx \frac{1}{\Delta_S} \int_{z-\Delta_S/2}^{z+\Delta_S/2} \left(v(z') + v'(z)(z'-z) + \frac{1}{2} v''(z)(z'-z)^2 \right) dz'$$
$$= v(z) + \frac{1}{24} v''(z) \Delta_S^2.$$
(4.9)

Die Abweichung vom tatsächlichen Wert beträgt also

$$v_{\text{korr}}(z) = \frac{1}{24} v''(z) \Delta_S^2.$$
(4.10)

Zur Berechnung der Ableitungen von $v(z)$ wird die durch den Fit angepasste Modellfunktion verwendet. Die Korrekturfunktion $v_{\text{korr}}(z)$ für die bei der Auswertung verwendete Slotbreite von $\Delta_S = 200\,\mu\text{m}$ ist für den Bereich der Grenzschicht in Abb. 4.17 dargestellt. Der Korrekturwert liegt dabei unter 0,007 m/s. Durch Integration über den gemessenen Teil der Grenzschicht lässt sich ein Maximalwert für die Abweichung des Durchflusses bestimmen:

$$\Delta Q = 2\pi \int_{2\,\text{mm}}^{-5\,\text{mm}} v_{\text{korr}}(z)(z_M - z) dz = -3,6 \cdot 10^{-3} \frac{m^3}{h},$$
(4.11)

wobei z_M die Position der Düsenmitte ist. Die ermittelte Abweichung beträgt relativ zum Gesamtdurchfluss $2,4 \cdot 10^{-5}$. Gleichung (4.9) lässt sich ebenso einsetzten, um den Effekt der Ortsmittelung durch ein konventionelles LDA abzuschätzen. Dafür wird Δ_S durch die Ortsauflösung des LDA ersetzt.

4.7.4. Abweichung durch eine Schrägstellung des Sensors

Wenn die Sensorachse nicht exakt orthogonal zur Hauptströmungsrichtung steht sondern in einem Winkel $\gamma \neq 90°$, so wird anstelle des Geschwindigkeitswertes $v(z)$ der Wert $\sin(\gamma) v(z)$ gemessen. Die Ausrichtung der Sensorachse erfolgte mittels der gegenüberliegenden Detektionsoptik. Die Ausrichtlänge betrug ca. 1 m und die Sensorachse wurde auf der Seite der Detektionsoptik mit einer Genauigkeit von besser als 10 mm ausgerichtet, was einer maximalen Abweichung von 0,6° entspricht. Damit beträgt die maximale relative Abweichung bei der Strömungsmessung $1 - \sin(\gamma) = 5 \cdot 10^{-5}$, was sich in einer ebenso großen relative Messunsicherheit für den Durchfluss niederschlägt.

4.7.5. Abweichung durch eine nicht-mittige Messung des Düsenprofils

Die optische Achse des Sensors wurde auf die Mitte $y = 0$ der Düse ausgerichtet, indem zunächst die Auftreffpunkte der Sensorstrahlen an der Oberkante und Unterkante des Fensters angefahren wurden und dann die genaue Mitte zwischen diesen Positionen bestimmt wurde. Aufgrund der endlichen Breite der Strahlen von etwa 1 mm im Fensterbereich ist diese Mittenbestimmung mit einem ebenso großen Fehler behaftet. Die Breite an der Stelle, an der die optische Achse des Sensors die Düse kreuzt, beträgt

$$B(y) = 2R_0 \sqrt{1 - (y/R_0)^2}. \tag{4.12}$$

$R_0 = 31{,}8\,\text{mm}$ ist dabei der Düsenradius. Für kleine Abweichungen y von der Mittelachse gilt folgende Abschätzung:

$$\frac{\Delta B}{B} = \frac{1}{2}\left(\frac{\Delta y}{R_0}\right)^2. \tag{4.13}$$

Nähert man den Durchfluss mit

$$Q = v_0 \pi R_0^2, \tag{4.14}$$

so ergibt sich ein relativer Fehler von

$$\frac{\Delta Q}{Q} = \frac{2\Delta B}{B} = \left(\frac{\Delta y}{R_0}\right)^2. \tag{4.15}$$

Mit dem Wert $\Delta y = 1\,\text{mm}$ und $R_0 \approx 31{,}8\,\text{mm}$ ergibt sich damit eine relative Abweichung des Durchflusses von $1{,}1 \cdot 10^{-3}$.

4.7.6. Die zufällige Messabweichung der Durchflussmessung

Die zufällige Messabweichung bei der Durchflussbestimmung wurde mit Hilfe des Fit-Profils über das gemessene Geschwindigkeitsfluktuationsprofil und die Anzahl der Messpunkte an jeder Messposition bestimmt, wobei die Messdaten proportional zum radialen Abstand von der Düsenmitte stärker gewichtet werden[2]. Der somit erhaltene Wert beträgt

$$\sigma_Q = \pm 1{,}00\,\frac{\text{m}^3}{h}, \tag{4.16}$$

was einer relativen Messunsicherheit von

$$\frac{\sigma_Q}{Q} = \pm 0{,}65\,\% \tag{4.17}$$

entspricht.

---
[2]Eine Methode zur Bestimmung der Unsicherheit von Fitparametern bei einem Zwei-Parameterfit ist in Anhang D gezeigt.

Kalibrierung	1 %
Abweichung von Radialsymmetrie	0,05 %-0,10 %
Slotmittelung	$2,4 \cdot 10^{-5}$
Schrägstellung	$5 \cdot 10^{-5}$
nichtmittige Messung	0,11 %
zufällige Messabweichung	0,65 %
Messung hinter der Düsenöffnung	Beitrag unbekannt

Tabelle 4.5.: Beiträge zum Messunsicherheitsbudget der Durchflussmessung.

4.7.7. Abweichungen durch die Strömungsmessung in einem Abstand hinter der Düse

Zur genauen Bestimmung des Durchflusses ist es notwendig, direkt am Düsenaustritt zu messen. Die Messung in einem Abstand von 2 cm hinter der Düse wirkt sich in zweifacher Weise auf die Messunsicherheit aus. Die Wechselwirkung der Strömung mit dem Umgebungsgas kann zu einer Verfälschung des durch Integration ermittelten Durchflusswertes führen, da es zu Strömungsphänomenen, wie einem Mitführen des Umgebungsfluids oder einem seitlichen Abfließen der Hauptströmung kommen kann. Ferner ist das mathematische Modell des tanh-Profils nur eine Näherung, deren physikalische Genauigkeit nicht quantitativ bekannt ist. Für eine Messung direkt am Düsenaustritt ist das zu erwartende Strömungsverhalten genauer bekannt.

4.8. Grenzen der Messbarkeit

Tabelle 4.5 fasst die unterschiedlichen Beiträge zum Messunsicherheitsbudget zusammen. Daraus lassen sich Strategien zur Steigerung der Genauigkeit bei der Durchflussmessung mit dem Profilsensor ableiten. Der erste und wichtigste Punkt ist der Aufbau des Messsystems so, dass direkt am Düsenausgang gemessen wird. Dazu muss der Messkopf leicht gekippt angebracht werden (siehe Abb. 4.18). Die damit einhergehende Auswirkung auf die Kalibrierung des Sensors ist in Anhang E diskutiert. Der zweitwichtigste Punkt ist die Kalibrierung des Sensors an einem Kalibrierstand, der direkt an die SI-Basiseinheiten Meter und Sekunde gekoppelt ist. Von der PTB wurde ein auf einer rotierenden präzise gefertigten Glasscheibe basierender Kalibrierstand für LDA-Systeme entwickelt, der eine Messunsicherheit von 0,055 % erreicht [Lu01] und ohne Veränderungen für den Profilsensor eingesetzt werden könnte. Den nächstgrößten Beitrag liefert die zufällige Messabweichung. Da die Messunsicherheit der Werte des Geschwindigkeitsprofils in etwa mit der inversen Wurzel der Anzahl der Messwerte in einem Slot skaliert, lässt sie sich nur signifikant verbessern, indem eine höhere Datenpunktzahl aufgenommen wird. Eine weitere Verbesserung der Orts- und Geschwindigkeitsauflösung des Sensors führt hingegen nicht zu einer deutlichen Verbesserung der Durchflussbestimmung. Der durch die Slotmittelung entstandene Beitrag von $2,4 \cdot 10^{-5}$ liegt deutlich unterhalb der dominierenden Beiträge. Eine verbesserte Geschwindigkeitsauflösung ist deshalb zweitrangig, weil der Hauptbeitrag der zufälligen Messabweichung aus der Grenzschicht kommt, wo die Streuung der Geschwindigkeiten der gemessenen Datenpunkte vorrangig von den Turbulenz der Strömung kommt. Eine genauere Bestimmung der Mittelgeschwindigkeit lässt sich dort nur durch eine höhere Datenpunktzahl erreichen. Um mit der der zufälligen Messabweichung unter 10^{-3} zu kommen, muss eine um mehr als den Faktor 40 höhere Datenpunktzahl aufgenommen werden. Um dies zu erreichen, sind beim gegenwärtigen Aufbau des Messsystems und des Messstandes drei Schritte notwendig: Erstens muss ein stabiler Aufbau für die Fasereinkopplung verwendet werden. Durch die temperaturbedingte mechanische Dejustage der Einkoppeltische des für die Messung verwendeten Aufbaus war die kontinuierliche Messzeit auf maximal 1-2 Stunden begrenzt. Ein Aufbau mit aktiver Regelung der Einkopplung

Kapitel 4. Erdgasdurchflussmessung mit dem Profilsensor

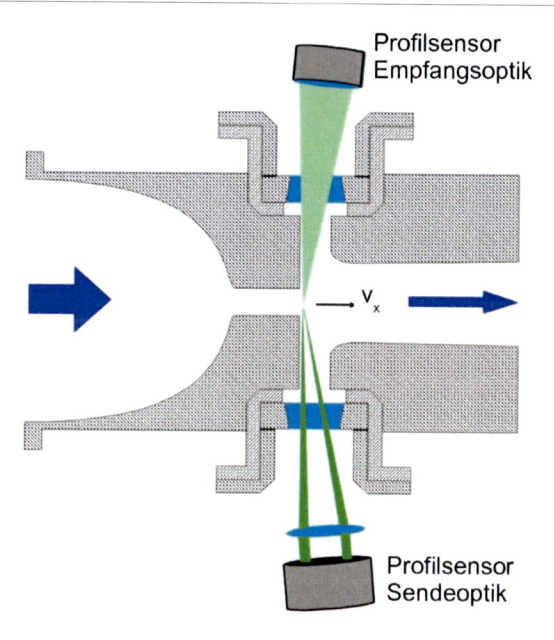

Abbildung 4.18.: Anordnung mit gekipptem Messkopf zur Messung nah dem Düsenaustritt.

wurde nach den Messungen angeschafft und hat im Praxiseinsatz eine stabile Einkopplung über einen Tagesverlauf gezeigt. Zweitens sollte die Leistung im Messvolumen erhöht werden. Momentan ist die Leistung durch die Glasfasern beschränkt, so dass der Laser (Maximalleistung 5,5 W) nur bei einer Leistung von ca. 500 mW betrieben werden kann. Durch Verwendung von reinen Siliziumdioxid-Kernfasern mit großem Modenfelddurchmesser (siehe Abschnitt 5.3.3), lassen sich um einen Faktor 3 höhere Leistungen im Messvolumen erreichen. Dies würde das SNR und somit die Anzahl der validierten Burstsignale deutlich verbessern, da es eine Erhöhung der Signalenergie um den Faktor 9 bewirkt. Drittens sollte zur Gewährleistung eines hohen Modulationsgrades (und damit eines hohen SNRs) durch ein Glasfenster gemessen werden, das Polarisationserhaltung gewährleistet. Dies war bei dem vorliegenden Glasfenster nicht gegeben, siehe dazu Anhang E. Der durch die nicht-mittige Platzierung des Sensors bedingte Beitrag lässt sich deutlich reduzieren, indem bei der Positionierung des Messkopfs am oberen und unteren Rand des Fensters mit Hilfe eines Leistungsmessgerätes der genaue Anteil der blockierten Lichtleistung gemessen wird. Damit sollten sich Positioniergenauigkeiten von $\Delta y < 100\,\mu$m erreichen lassen, was den Beitrag zur Messunsicherheit nach Gleichung (4.15) auf $1,1 \cdot 10^{-5}$ drücken würde. Durch Berücksichtigung aller genannten Faktoren sollte es perspektivisch möglich sein, die Messunsicherheiten noch deutlich zu senken, um den Zielwert $< 10^{-3}$ bei der Volumendurchflussbestimmung zu erreichen.

4.9. Zusammenfassung und Ausblick

In diesem Projekt wurde ein Profilsensorsystem aufgebaut und zur Vermessung einer Erdgasströmung am Prüfstand *pigsar* der E.ON Ruhrgas AG bei einem Druck von 50 bar eingesetzt. Der Messkopf musste aus Explosionsschutzgründen passiv aufgebaut sein, wobei die Lichtzufuhr über 25 m lange Fasern erfolgte. Ein hoher Arbeitsabstand des Messkopfs von > 500 mm war aufgrund der Geometrie des Prüfstandes notwendig. Da die Messung durch eine 4 cm dicke Glasscheibe erfolgte, wurde ein auf Frequenzmultiplex basierender Aufbau gewählt, um Dispersionseffekte zu vermeiden. Die in der Kalibrierung bestimmte Ortsauflösung beträgt 13 µm, die relative Geschwindigkeitsauflösung beträgt $6 \cdot 10^{-4}$. Mit einem konventionellen LDA wurden am gleichen Aufbau Vergleichsmessungen durchgeführt. Das LDA zeigt dabei einen um einen Faktor 20 höheren Turbulenzgrad im Strömungsinneren an, was auf die Messunsicherheit aufgrund der Streifenabstandsvariation (virtuelle Turbulenz) beim LDA zurückzuführen ist. Der minimale mit dem Profilsensor gemessene Turbulenzgrad beträgt $7 \cdot 10^{-4}$. Die Messung wies daher erstmalig nach, dass die bisher nur an Kalibrierobjekten gezeigte hohe Geschwindigkeitsauflösung des Profilsensors auch in Strömungsmessungen erreicht wird. Außerdem konnte das Turbulenzprofil der Scherschicht mit dem Profilsensor genauer bestimmt werden. Aus der Geschwindigkeitsmessung eines topfförmigen Geschwindigkeitsprofils hinter einer mit numerischen Methoden entwickelten Düse wurde durch Integration ein Wert für den Erdgasdurchfluss bestimmt. Der mit dem Profilsensor bestimmte Durchfluss zeigte eine Abweichung von $-0{,}33\,\%$ von dem durch die kritische Düsenstaffel vorgegebenen Referenzwert.

Um die angestrebte Messunsicherheit bei der Durchflussmessung von weniger als 10^{-3} zu erreichen, muss die Profilsensormessung in mehreren Punkten optimiert werden:

1. Die Profilmessung sollte nicht wie bisher in einem Abstand von 2 cm, sondern in einem möglichst dichtem Abstand zur Düse erfolgen.

2. Die Kalibrierung sollte mit einem LDA-Kalibriernormal erfolgen.

3. Eine größere Datenpunktzahl (Faktor > 40) ist zur Reduktion der zufälligen Messabweichung erforderlich. Um dies zu erreichen, sind folgende Schritte notwendig: a) Eine stabile Einkopplung in Singlemodefasern zur Verlängerung der Messdauer, b) Singlemodefasern, in die deutlich höhere Laserleistungen eingekoppelt werden können, zur Erhöhung des SNRs, c) eine Glasscheibe, die eine optische Transmission ohne Polarisationsveränderung gewährleistet, zur Erhöhung des SNRs.

Als endgültiges Ziel steht die Wiederholbarkeit, das heißt die mehrfache Bestimmung des Durchflusses unter gleichen Bedingungen und der Vergleich der gemessenen Werte.

Kapitel 5.

Aufbau eines Messsystems zur Strömungsmessung an einem Kühlkreislaufmodell

5.1. Motivation

Wärmeübergänge [Bir06] zwischen einer Wand und einem Fluid sind ein zentrales Phänomen in vielen Gebieten, zum Beispiel bei Kühlprozessen, bei Beheizungsprozessen, in der Klimatechnik, bei Verbrennungsmotoren, in der Verfahrenstechnik und in der Kernenergietechnik. In der Kernenergietechnik hängt die Effizienz und die Sicherheit von Kernspaltungsreaktoren und potentiellen Kernfusionsreaktoren stark von der Effizienz des Wärmeübergangs zwischen den heißen Strukturen und dem Kühlfluid ab. Als Kühlmittel für Hochleistungskraftwerke wird Helium in Erwägung gezogen. Um den konvektiven Wärmetransport zu verbessern, wird die zu kühlende Wand mit Rippenstrukturen versehen [Jac95], die eine hochturbulente Wandströmung erzeugen. Das Ziel ist dabei die Maximierung des Wärmeübergangskoeffizienten, wobei ein möglichst geringer Druckverlust über der Kühlstrecke beabsichtigt wird.

L-STAR[1] [Her08] am Forschungszentrum Karlsruhe ist ein vereinfachtes Modell eines nuklearen Kühlkreislaufs. Es basiert auf einem mittigen elektrisch beheizten Rohr (endgültige Betriebstemperatur: 600 °C), welches als Brennstabsimulator dient. Das mittige Rohr ist von einem hexagonalen Rohr umgeben, in welchem das Kühlgas (Luft) transportiert wird. In der endgültigen Ausführung wird das Rohr mit Rippen strukturiert sein, die orthogonal zur Rohrachse verlaufen und Dimensionen im Bereich von 1 mm oder kleiner haben. Aufgrund der hohen Reynolds-Zahlen der auftretenden Strömungen > 50000 kann die Strömung nicht mit DNS simuliert werden. Die kleinskaligen Strömungsstrukturen in Wandnähe erfordern ein Messinstrument mit hoher Ortsauflösung $< 20\,\mu m$. Aufgrund der hohen in der Strömung auftretenden Beschleunigungen müssen kleine Streuteilchen (Material: TiO_2, Modaldurchmesser: 350 nm) verwendet werden, um ein schlupffreies Folgen der Strömung zu gewährleisten. Dies erfordert die Verwendung vergleichsweise hoher Laserleistungen und einer hohen numerischen Apertur der Detektionsoptik, wenn Signale mit verwertbarem Signal-Rausch-Verhältnis erzielt werden sollen. Der Aufbau von LSTAR hat nur einen optischen Zugang durch ein Fenster und erfordert einen Arbeitsabstand $> 20\,cm$. Aufgrund des hohen Turbulenzgrades der Strömung ist eine hohe Datenpunktzahl nötig, um eine ausreichende Genauigkeit bei der Extraktion der Strömungsparameter zu erreichen. Daher wird eine Messdatenrate von über 50 Hz benötigt. Die aus Sicht der Strömungsmechanik interessanten und für die Kühleffizienz relevanten Vorgänge spielen sich in direkter Wandnähe ab. Daher besteht das Ziel, so nah wie möglich an der Wand zu messen.

Für PIV würde ein weiterer, idealerweise orthogonaler, optischer Zugang benötigt, durch den die Beobachtung mit der Kamera erfolgt. Außerdem sind die erreichbaren Geschwindigkeitsauflösungen zu gering. Mit konventioneller Laser-Doppler-Anemometrie lässt sich nicht die erforderliche

---
[1] Luft-STab, Abstandshalter, Rauhigkeiten

Länge des Messvolumens	ca. 1,5 mm
Ortsauflösung	ca. 20 µm
Messunsicherheit der Geschwindigkeit	-
Arbeitsabstand	ca. 20 cm
Länge der Fasern	ca. 2 m
Richtung der Streulichtdetektion	rückwärts

Tabelle 5.1.: Anforderungen des Kooperationspartners an das Messsystem.

Ortsauflösung erreichen (siehe Abschnitt 2.1). Daher entstand aus den genannten Anforderungen (siehe auch Tabelle 5.1) des Forschungszentrums Karlsruhe eine Kooperation für den Bau eines vollständigen Profilsensormesssystems. Ein wichtiger Aspekt, neben der Erfüllung der oben genannten Anforderungen, war die Optimierung des Messsystems für die Bedienung durch den Anwender. Das Messsystem musste im Vergleich zu vorher gebauten Systemen eine deutlich erhöhte Stabilität der Justage und eine verbesserte Nutzerfreundlichkeit aufweisen.

5.2. Messaufbau

L-STAR dient zur Erzeugung einer Strömung mit definierter mittlerer Geschwindigkeit entlang eines mit einstellbarer Heizleistung elektrisch beheizten Stabes. Während der Profilsensor zur ortsaufgelösten Geschwindigkeitsmessung verwendet wird, sollen im endgültigen Aufbau parallel an mehreren Punkten die Temperaturen des Rohrs und des Fluids sowie der Druckverlauf entlang des Rohres gemessen werden. Ein wesentliches Ziel des endgültigen Messaufbaus besteht in der Bestimmung der Korrelation zwischen dem Wärmetransfer und dem Druckabfall. Zum Aufbau des Druckgefälles und der Gewährleistung eines ausreichenden Durchflusses werden zwei Reihen mit je drei Verdichtern gekoppelt. Die Zufuhr der TiO_2-Partikel erfolgt mittels eines Feststoffdispergierers, bei dem ein Kolben einen stetigen Vorschub von gepresstem TiO_2 liefert, welches mit einer rotierenden Bürste zerstäubt wird.

Der Aufbau der Messstrecke ist in den Abbildungen 5.1(a) bis 5.1(c) dargestellt. Das innere beheizte Rohr hat einen Durchmesser von ca. 32 mm, wobei der Austausch des Rohres möglich ist

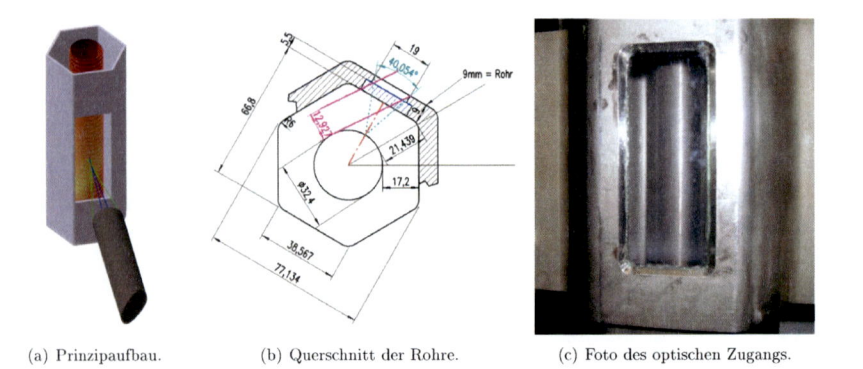

(a) Prinzipaufbau.   (b) Querschnitt der Rohre.   (c) Foto des optischen Zugangs.

Abbildung 5.1.: Messaufbau am Kühlkreislaufmodell L-STAR.

und auch Rohre mit 15 mm und 25 mm vorhanden sind. Die Breite des hexagonalen Außenrohrs beträgt ca. 67 mm. Das Fenster hat eine Breite von 19 mm und eine Höhe von 64 mm. Es kann mit wenigen Handgriffen ausgebaut und wieder eingebaut werden, was im Verlauf von Messungen wichtig ist, da das Glas schnell durch Streuteilchen beschlägt und daher nach einigen Stunden Betrieb gereinigt werden muss. Abbildung 5.1(a) zeigt die Messanordnung des Profilsensors, Abb. 5.1(b) zeigt einen Querschnitt durch die Rohre und Abb. 5.1(c) ein Foto der Messstrecke.

5.3. Das Profilsensor-Messsystem mit Wellenlängenmultiplex

5.3.1. Gesamtaufbau

Für das Messsystem wurde ein auf Wellenlängenmultiplex beruhender Aufbau mit AOM verwendet (siehe Tabelle 2.1). Der modulare Aufbau ist in Abb. 5.2 dargestellt. Als Lichtquelle dient ein Argon-Ionenlaser, von dem die Linien bei 488 nm und 514,5 nm benutzt werden. Die Einkoppeleinheit *FiberLight* dient zur Aufteilung des Laserstrahls in die zwei verwendeten Linien, die anschließende Aufspaltung jedes Strahls in zwei Strahlen und die Einkopplung der vier Strahlen in Singlemode-Fasern. Von den zusammengehörenden Strahlen hat dabei jeweils einer eine Frequenzverschiebung von 40 MHz erhalten. Die Fasern leiten das Licht zum Messkopf, der die genaue und stabile Positionierung der Strahltaillen und Überlagerung der Strahlen ermöglicht. Die Detektionsoptik empfängt das von Streuteilchen im Messvolumen ausgesandte Streulicht und leitet es zur Wellenlängen-Demultiplexeinheit. Dort werden die beiden verwendeten Farben getrennt und auf zwei Breitbanddetektoren geleitet, deren Signale dann mittels Messkarte digitalisiert und im PC ausgewertet werden.

5.3.2. Laser

Da kleine Streuteilchen verwendet werden müssen, wird als Lichtquelle ein Laser hoher Leistung benötigt. Der verwendete Ar-Ionen-Laser Spectra Stabilite 2017 hat eine Leistung von 40 mW bis 6 W, die sich auf mehrere Linien verteilt, wobei das Anschwingverhalten der Linien stark leistungsabhängig ist. Für die Leistungen 40 mW, 200 mW, 500 mW und 5 W wurde das Spektrum mit Hilfe eines optischen Spektrum-Analysators aufgenommen (siehe Abb. 5.3). Die Hauptlinien, welche auch für den Profilsensoraufbau verwendet wurden, liegen bei 488 nm und 514,5 nm. Es ist zu sehen, dass die Linie bei 514,5 nm bei der niedrigen Betriebsleistung von 40 mW noch nicht oszilliert und erst bei höheren Laserleistungen (ab etwa 500 mW) mit der Linie bei 488 nm vergleichbare Leistungen aufweist. Die Kohärenzlänge der einzelnen Linien liegt im unteren cm-Bereich, was eine genaue Abstimmung der Fasern und des geometrischen Aufbaus des Messkopfs erfordert. Aufgrund des sehr geringen Wirkungsgrades der Umwandlung von elektrischer Energie in Lichtenergie von $< 7 \cdot 10^{-4}$ hat der Laser eine hohe Wärmeentwicklung und es ist eine laufende Wasserkühlung erforderlich.

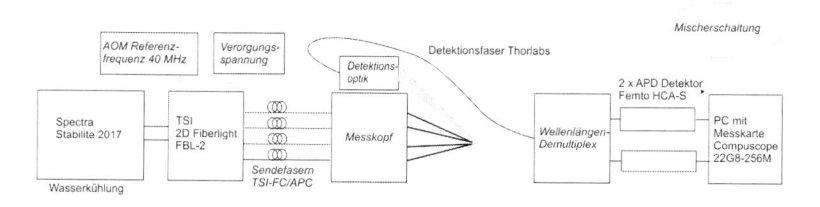

Abbildung 5.2.: Schema des Gesamtaufbaus des Messsystems.

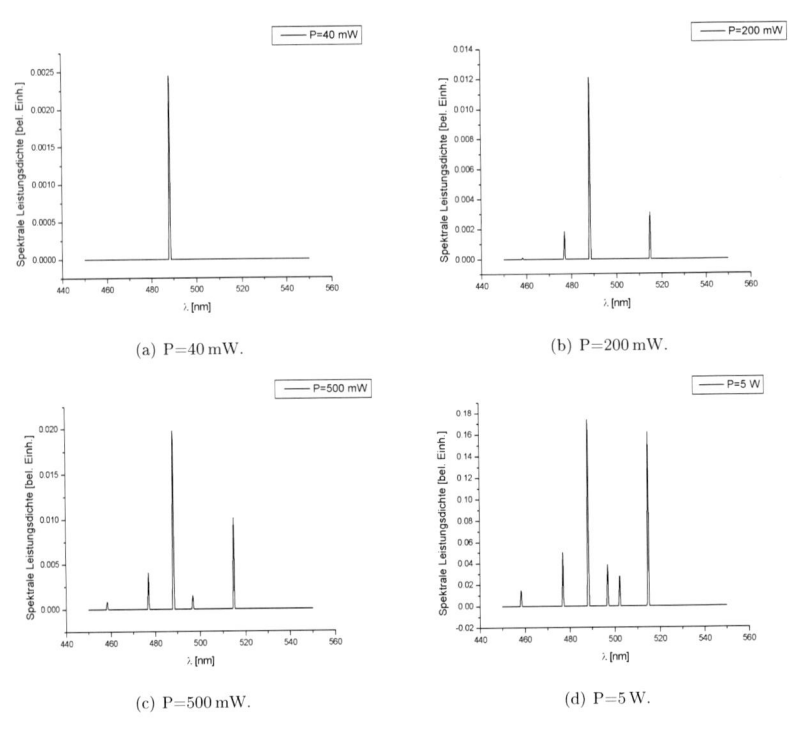

KAPITEL 5. AUFBAU EINES MESSSYSTEMS ZUR STRÖMUNGSMESSUNG AN EINEM KÜHLKREISLAUFMODELL

(a) P=40 mW.

(b) P=200 mW.

(c) P=500 mW.

(d) P=5 W.

Abbildung 5.3.: Anschwingverhalten der Linien des Ar-Ionen-Lasers in Abhängigkeit von der Laserleistung.

5.3.3. Die Einkoppel- und AOM-Einheit

Die kommerziell erhältliche Einkoppel- und AOM-Einheit FiberLight 2D der Firma TSI (siehe Abb. 5.4) dient den folgenden Zwecken:

- Aufteilung der im Ar-Ionen-Laserstrahl enthaltenen Linien mittels Prisma,
- Erzeugung einer Frequenzverschiebung von 40 MHz zwischen zusammengehörigen Strahlenpaaren,
- Einkopplung der vier verwendeten Strahlen in Singlemode-Fasern.

Sie wird ursprünglich zur Verwendung in Zweikomponenten-Laser-Doppler-Anemometern eingesetzt. Zur Generierung des AOM-Treibersignals wird der Funktionsgenerator TTI TG4001 eingesetzt, der eine Frequenzgenauigkeit von $< 1 \cdot 10^{-5}$ und eine Temperaturstabilität von $< 1 \times 10^{-6}$ /K hat. Die vier Fasern sind speziell angefertigte polarisationserhaltende Singlemode-Fasern aus reinem Siliziumdioxid mit einem großen Modenfelddurchmesser von 4 µm für hohe Laserleistungen und sind am einen Ende mit dem TSI-firmenspezifischen Stecker für die Ankopplung an das FiberLight und auf der anderen Seite mit dem schräggeschliffenen Standardsteckerformat FC/APC versehen. Im FiberLight werden die Strahlen durch das Justieren des Strahlteilerprismas, der AOM und der Auskoppelspiegel mit Hilfe von Zielvorrichtungen ausgerichtet. Die Faserpositionen werden dann zur Maximierung der eingekoppelten Leistungen mittels

Model FBL-3

Abbildung 5.4.: Die Einkoppel- und AOM-Einheit FiberLight. Quelle: TSI.

Abstandsjustage und zweiachsiger Verkippung optimiert. Hervorzuheben ist die große Stabilität der einmal eingestellten Justage. Die Einkoppeleffizienz in die vier Fasern wurde über vier Tage unter Laborbedingungen gemessen (siehe Abb. 5.5). Dabei zeigte sich ein Abfall der Leistungen auf etwa 78,7 %. Bei der Inbetriebnahme des Lasers ist zu beachten, dass dieser seine Strahlpunktstabilität erst nach etwa 2 Stunden erreicht und in der Zeit vorher verringerte Einkoppelleistungen auftreten. Unter industriellen Messbedingungen blieben die Einkoppeleffizienzen ebenfalls im viertägigen Betrieb stabil (Abnahme < 25 %).

5.3.4. Messkopf

Der Messkopf des Messsystems muss den folgenden Anforderungen genügen:

- Eine Länge des Messvolumens von 1,5 mm,
- Eine Ortsauflösung von besser als 20 µm,
- Einen Arbeitsabstand von mindestens 20 cm,
- Zugang durch ein einzelnes Glasfenster,
- Wandnahe Messungen zwischen den Rippenstrukturen des beheizten Rohres.

Da das fertige Messsystem vom Auftraggeber allein eingesetzt werden soll, sind gegenüber dem in Kapitel 4 beschriebenen System deutliche Fortschritte in den folgenden Punkten zu erreichen:

- Verbesserte Stabilität,
- Verbesserte Einstellgenauigkeit bei der Justage,
- Arretierung der eingestellten Strahlen ohne Dejustage der Einstellung,
- Verschiedene einstellbare Kreuzungswinkel zwischen den Strahlen.

Ferner soll der Aufbau eine Anordnung der beiden Streifensysteme ohne Verkippung zueinander gewährleisten. Dies ist von erhöhter Wichtigkeit, da Teilchen mit schräger Trajektorie erwartet werden und deren Position bei verkippten Streifensystemen falsch bestimmt werden würde.

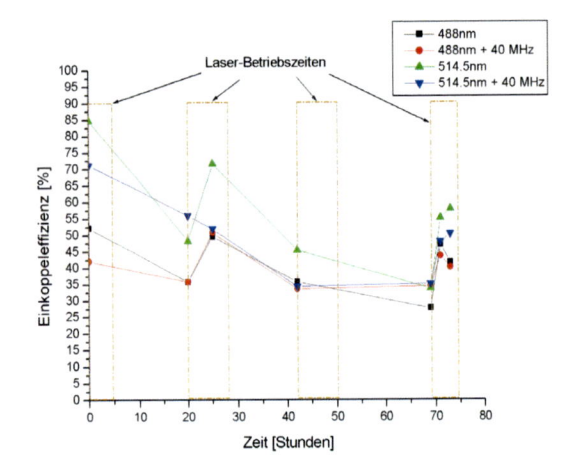

Abbildung 5.5.: Test der Einkoppelstabilität des FiberLight über vier Tage.

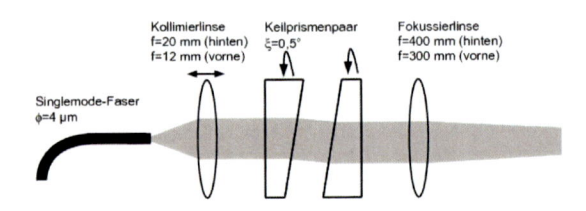

Abbildung 5.6.: Aufbau eines Moduls des Messkopfs für die Messung am Kühlkreislauf.

Der Messkopf beruht auf vier Modulen, deren Grundprinzip dasselbe wie bei dem Messkopf für die Gasdurchflussmessung ist (siehe Abb. 5.6). Abbildung 5.7 zeigt den Modulaufbau in Explosionsdarstellung. Gegenüber dem Messkopf der Gasdurchflussmessung, wo die Module eine Breite von über 5 cm hatten, wurde ein deutlich kompakterer Aufbau mit einer Modulbreite unterhalb von 2 cm entwickelt. Dazu wurden Kollimatoren mit einem Gehäusedurchmesser von 12 mm und Prismen und Fokussierlinsen mit 10 mm Durchmesser verwendet. Außerdem wurde die Konstruktion so platzsparend wie möglich angefertigt. Der kompakte Aufbau ermöglicht die Positionierung der Module ohne verkippte Streifensysteme und gewährleistet außerdem drei verschiedene einstellbare Kreuzungswinkel. Diese dienen perspektivisch dem Zweck, eine optimale Konfiguration für möglichst wandnahe Messungen zu finden. Abbildung 5.8 zeigt eine Skizze der Anordnung der vier Module. Die hinteren Module sind mit den Fasern verbunden, die das Licht der Wellenlänge 488 nm tragen, während die vorderen Module mit den Fasern verbunden werden, die das Licht der Wellenlänge 514,5 nm tragen. Der Strahlradius im Messvolumen wurde so gewählt, dass die erforderliche Ortsauflösung gewährleistet ist (siehe Gleichung 2.12, wobei $dq/dz \propto 1/w_0^2$ [Büt04]). Der Winkel für die enge Lage wurde so gewählt, dass die erforderte Messvolumenlänge draufs resultierte. Die maximal mögliche Winkelstellung war durch konstruktive Gegebenheiten, insbesondere den benötigten Arbeitsabstand, beschränkt. Bei den vorderen Modulen haben die Frontlinsen Brennweiten von 300 mm und die Kollimatoren 12 mm, während bei den hinteren Modulen die Frontlinsenbrennweiten 400 mm und die Kollimatorenbrennweiten 20 mm betragen. Die Prismen haben einen Keilwinkel von $\xi = 0,5°$, was zu einer besseren Justa-

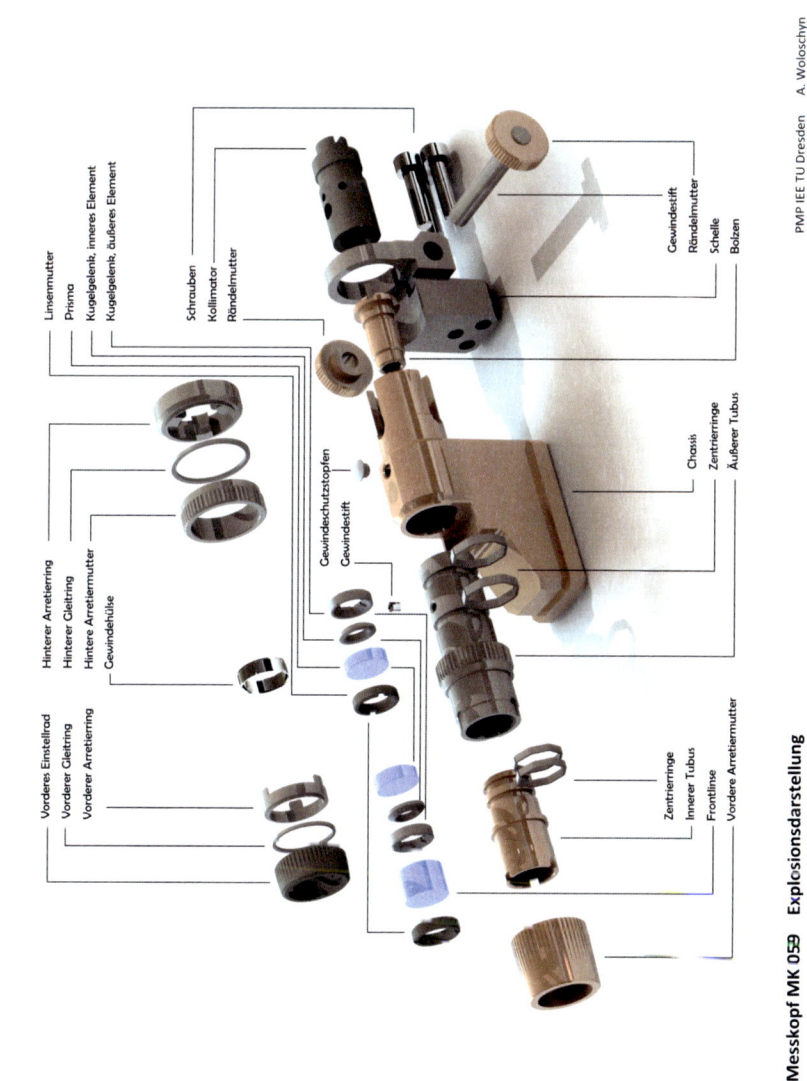

Abbildung 5.7.: Explosionsdarstellung eines Moduls des Messkopfs.

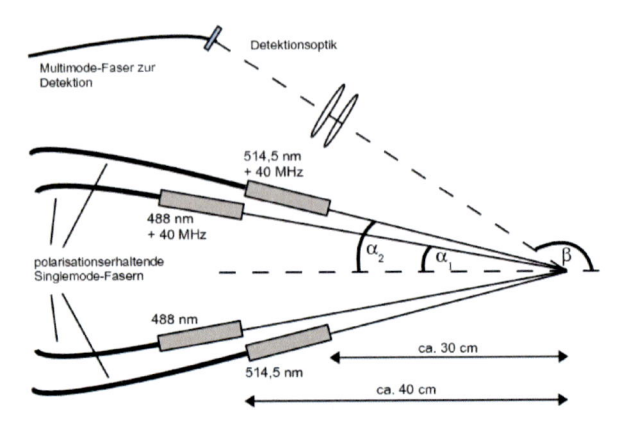

Abbildung 5.8.: Anordnung der Module des Messkopfs.

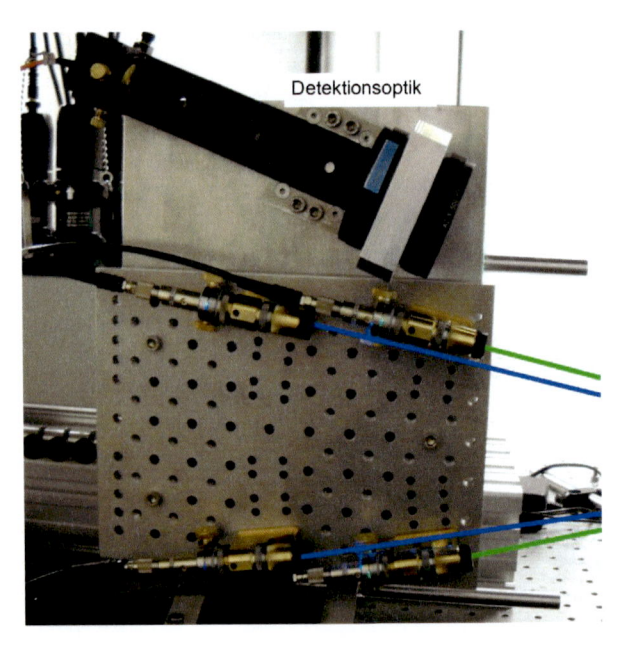

Abbildung 5.9.: Messkopf zur Messung am Kühlkreislauf. Die vier vom Messkopf ausgesandten Laserstrahlen sind schematisch eingezeichnet.

Winkelkonfiguration	1	2	3
α_1	3,3°	6,6°	9,9°
α_2	5,4°	8,7°	12°
d_1	4.2 µm	2.1 µm	1.4 µm
d_2	2.7 µm	1.7 µm	1,2 µm

Tabelle 5.2.: Konfigurationen des Messkopfs. Durch α_1 und α_2 werden die eingestellten halben Kreuzungswinkel der Strahlenpaare bei 488 nm und 514.5 nm gekennzeichnet. Daraus resultieren die mittels der Formel für ein konventionelles LDA (2.1) abgeschätzten Streifenabstände d_1 und d_2.

gemöglichkeit führt als bei dem Messkopf zur Gasdurchflussmessung, wo der Winkel 1° betrug. Ein deutlicher Fortschritt besteht in der verbesserten Arretierung des Außentubus. Während dieser beim alten Aufbau seitlich mit drei Schrauben arretiert wurde, wird er nun axial angezogen. Dies wird mittels einer Drehbewegung des Arretierringes auf einem Gewinde erreicht, wobei die Drehbewegung durch einen zwischengeschalteten Teflonring entkoppelt wird. Dank dieses Arretiermechanismus ist ein Feststellen des Tubus ohne Verstellung der Laserstrahllage möglich. Des Weiteren wird eine erhöhte Stabilität erwartet, da die Arretierung gegen eine feste Fläche und nicht nur durch seitliches Anpressen an den drei Auflagepunkten der Schrauben erreicht wird. In Abb. 5.9 ist ein Foto des Messkopfs zu sehen. Die mittels (2.1) abgeschätzten Streifenabstände sind in Tabelle 5.2 aufgelistet. Die Gesamtleistung der vier Strahlen im Messvolumen beträgt ca. 450 mW.

5.3.5. Aufbau der Detektionseinheit

Aufbau und Positionierung der Detektionsoptik haben für die Messung am Kühlkreislauf eine große Bedeutung, da sie entscheidend für wandnahe Messungen sind. Für den Wärmeaustausch zwischen Stab und Fluid ist insbesondere die Grenzschicht direkt an der Wand relevant. Die in Kapitel 3 dargestellten Voruntersuchungen liefern wichtige Faktoren, um dies zu erreichen. Bei einer Messung in Rückwärtsstreuung konnten aufgrund der Lichtstreuung an der Wand nur Datenpunkte bis zu einer Nähe von > 1 mm zur Wand aufgenommen werden[2]. Daher wurde eine Detektionsoptik konstruiert, die in einem Winkel von 125° zur optischen Achse aufgebaut wurde. Dieser Wert für den Winkel ist der Maximalwert, bei dem keine Abschattung der Detektionsoptik durch die Kanten des Zugangsfensters erfolgt. Der Aufbau der Detektionsoptik ist in Abb. 3.4 dargestellt. Die gekippte Anordnung ermöglicht ein deutlich schärferes Ausblenden der Wandreflexe (siehe Abb. 3.5 und Abb. 3.8). Die Position der Wand kann abgeschätzt werden, indem zunächst die Sendeoptik so platziert wird, dass die Wand im Messvolumen ist. Dann wird die Detektionsoptik in Richtung der Wandnormalen traversiert wird und das Wandstreulicht gemessen (siehe Abb. 5.10). Die Kurve zeigt kein ausgeprägtes Plateau. Dies ist vermutlich darauf zurückzuführen, dass die Detektionsoptik nicht so positioniert wurde, dass die Laserstrahlen exakt die Mitte des Detektionsfeldes kreuzen, sondern leicht oberhalb oder unterhalb davon liegen. Ein weiterer Effekt, der zu einer leichten Verschleifung der Kurve führt, ist die Tatsache, dass der Laserstrahlreflex auf der Wand nicht als punktförmige Quelle wirkt, sondern eine endliche Ausdehnung hat und somit beim Traversieren der Detektionsoptik schrittweise aufgedeckt wird. Das Zentrum der gemessenen Funktion und somit der Wandposition wurde durch einen Gauß-Fit bestimmt. Die Wand war zu Beginn der Messung glänzend und kaum oxidiert. Nach einigen Messstunden zeigte sie Oxidationserscheinungen. Außerdem schlugen sich TiO_2-Teilchen an der Wand nieder, die ebenfalls das Lichtstreuverhalten beeinflussen. Mit dem Aufbau im 125°-Winkel wurden Datenpunkte mit einer Nähe von bis zu 125 µm zur Wand erfasst.

---

[2]Für die Detektion in Rückwärtsrichtung wurde ein anderer Aufbau der Detektionsoptik gewählt. Dieser verwendete eine Frontlinse mit 400 mm Brennweite und eine zweite Linse der Brennweite 150 mm.

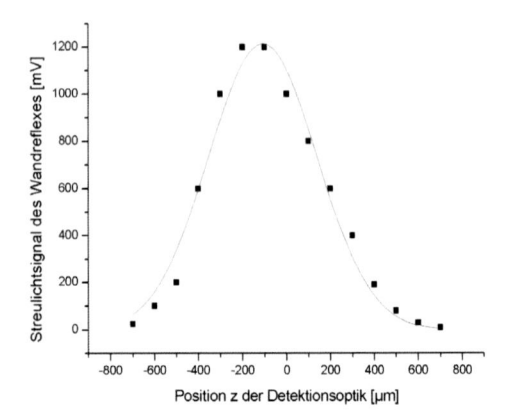

Abbildung 5.10.: Abschätzung der Wandposition durch Traversieren der Detektionsoptik.

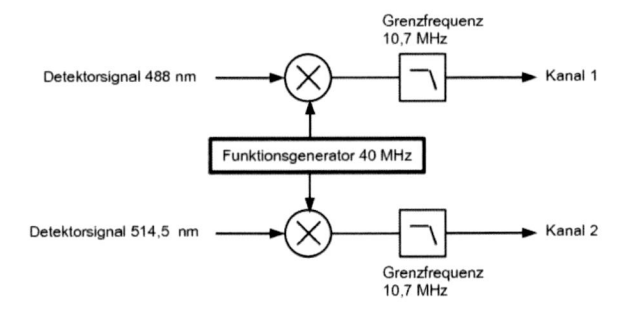

Abbildung 5.11.: Mischerschaltung zur elektronischen Rückführung der trägerfrequenten Burstsignale ins Basisband.

5.3.6. Mischerschaltung und Signalverarbeitung

Aufgrund der verwendeten AOM haben die Burstsignale eine Trägerfrequenz von 40 MHz. Zur Auswertung der Burstsignale kann sowohl mit als auch ohne zwischengeschalteter Mischerschaltung gearbeitet werden, wobei beide Methoden Vor- und Nachteile haben. Der Aufbau der Mischerschaltung ist in Abb. 5.11 gezeigt. Zum Mischen wird das Signal des Funktionsgenerators verwendet, das auch als Treibersignal für die AOM verwendet wird. Beim Mischprozess entstehen Summen- und Differenzfrequenz der beiden anliegenden Signale, von denen die Summenfrequenz mit einem Tiefpassfilter der Grenzfrequenz 10,7 MHz gefiltert wird. Bei Verwendung der Mischerschaltung spielt die Genauigkeit und Stabilität der Frequenz des Funktionsgenerators keine Rolle. Der Nachteil der Mischerschaltung liegt zum einen darin, dass keine Richtungssinnerkennung möglich ist. Dazu müsste in der Mischerschaltung eine Quadratursignaltechnik eingesetzt

	mit Mischerschaltung	ohne Mischerschaltung
geringe Geschwindigkeiten mit $f_D < 1\,\text{MHz}$	genaue Messung	ungenaue Messung
hohe Geschwindigkeiten mit $f_D > 10{,}7\,\text{MHz}$	nicht messbar	messbar
Richtungssinnerkennung	nein *	ja

Tabelle 5.3.: Vor- und Nachteile der Signalauswertung mit und ohne Mischerschaltung.
* Richtungssinnerkennung ist möglich mit einer Quadratur-Mischerschaltung. Diese erfordert aber die doppelte Anzahl von Digitalisierungskanälen.

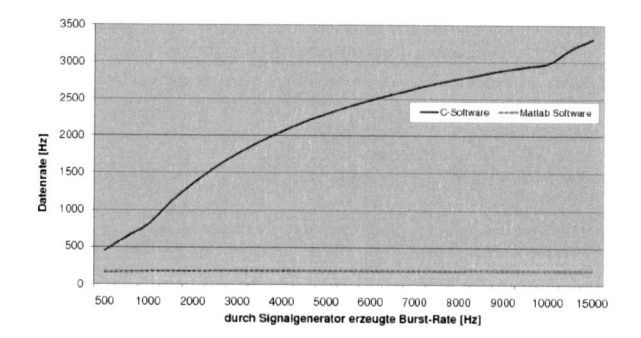

Abbildung 5.12.: Die an einem Signalgenerator gemessene Datenrate.

werden, was zu einer Verdopplung der benötigten Digitalisierungskanäle und damit bei einer Online-Datenauswertung zu einer Verringerung der Datenrate führen würde. Zum anderen können aufgrund der begrenzten Filterbandbreite nur Burstsignale bis etwa 10,7 MHz erfasst werden, was für den steilen Winkel (9,9°) der Sendestrahlen einer Teilchengeschwindigkeit von maximal 15 m/s entspricht. Für eine Signalverarbeitung ohne Mischerschaltung erfolgt die Burstauswertung im Trägerfrequenzbereich, wobei die genaue Trägerfrequenz nicht bekannt ist, sondern der eingestellte Wert von 40 MHz angenommen werden muss. Ein paralleles Messen der Frequenz des Funktionsgenerators ist zwar prinzipiell möglich, benötigt aber einen weiteren Datenkanal und führt zu einer Reduktion der Verarbeitungsgeschwindigkeit. Eine angenommene Frequenzabweichung von 10^{-5} entspricht einem Absolutwert von 400 Hz. Dies würde beim eingestellten Winkel $\alpha_1 = 9{,}9°$ für ein Teilchen der Geschwindigkeit von 1 m/s (Burstfrequenz $\approx 1\,\text{MHz}$) einer relativen Abweichung von $4 \cdot 10^{-4}$ entsprechen, also in etwa eine Verdopplung der Messabweichung bewirken. Für niedrigere Geschwindigkeiten nimmt die relative Frequenzabweichung zu, für höhere Geschwindigkeiten nimmt sie ab. Die Vor-und Nachteile beider Betriebsarten sind in Tabelle 5.3 zusammengefasst. Die Kalibrierung des Profilsensorsystems erfolgt bei relativ niedrigen Geschwindigkeiten und daher mit Mischerschaltung.

Die Signale werden mittels der Messkarte CompuScope CS22G8 digitalisiert, die über 2 Kanäle, eine Auflösung von 8 bit und eine Abtastrate von bis zu 1 GS/s verfügt. Die Verwendung eines PC-Mainboards mit einem auf 66 MHz getakteten PCI-Datenbus ermöglicht eine Verdopplung der Datentransferrate gegenüber konventionellen PCI-Bussen. Da eine hohe Datenrate für das Messsystem gefordert war, wurde der Algorithmus zur Burstfrequenzbestimmung (FFT und Detektions des Frequenzpeaks) in C implementiert. Um die Effizienz der Datenauswertung zu testen, wurden mit Hilfe eines Signalgenerators aufeinanderfolgende Bursts erzeugt, die einen Rauschenergieanteil von 10 % hatten. Abbildung 5.12 stellt die Ergebnisse der Messung dar. Es

	Ausgangslage	nach 11 Tagen	nach 60 Tagen
488 nm	(0,0)	(0,0)	(−2,1)
488 nm + 40 MHz	(0,0)	(1,0)	(1,0)
514,5 nm	(0,0)	(1,2)	(0,0)
514,5 nm + 40 MHz	(0,0)	(0,0)	(1,0)

Tabelle 5.4.: Prüfung der Langzeitstabilität des Messkopfs. Die Angaben beziehen sich auf die Messung in (x,y)-Richtung, wobei die Abweichung in Pixeln von $4{,}4\,\mu\mathrm{m}$ Höhe und Breite angegeben ist.

wurden Datenraten über 3 kHz demonstriert. Im Vergleich zur vorher verwendeten auf MatLab basierenden Software wurde somit eine Steigerung um den Faktor 20 erreicht. Der Grund für die höhere Geschwindigkeit des C-Algorithmus ist unter anderem, dass der C-Code in Maschinensprache kompiliert ist, während MatLab eine Interpretersprache ist. An der Strömung wurden in der Messung Datenraten von über 600 validierten Burstsignalen pro Sekunde gezeigt.

5.4. Stabilitätstest der Justage

Nach der Überlagerung der Strahlen wurde die Stabilität der Justage getestet. Dazu wurde der einjustierte Messkopf 60 Tage im Labor betrieben oder aufbewahrt, ohne dass eine Nachjustage erfolgte. Die einzelnen Strahlen zeigten während des Verlaufs keine maßgebliche Dejustage von der Ausgangslage um mehr als $10\,\mu\mathrm{m}$. Die Ergebnisse der Messung sind in Tabelle 5.4 dargestellt. Die Justage und Überprüfung erfolgt mit Hilfe eine CCD-Kamera mit $4{,}4\,\mu\mathrm{m}$ Auflösung.

5.5. Charakterisierung des Messsystems

Der Messkopf wurde für zwei verschiedene Winkelstellungen der Strahlenpaare charakterisiert. Abbildung 5.13 zeigt den Verlauf der Strahldurchmesser entlang der Achse des Messkopfs für den halben Kreuzungswinkel 3,3°. Tabelle 5.5 zeigt die daraus ausgewerteten Strahlparameter. In Abb. 5.14(a) und Abb. 5.14(b) sind die gemessenen Streifenabstandsverläufe für beide Winkeleinstellungen dargestellt. Das Streifensystem der Strahlen mit Wellenlänge 514,5 nm ist das konvergente, während das Streifensystem der Strahlen mit Wellenlänge 488 nm divergiert. Die Kalibrierfunktionen sind in Abb. 5.15(a) und 5.15(b) dargestellt. Die Steigung der Kalibrierfunktion betrug dabei für die flachen Winkel $0{,}035\,\mathrm{mm}^{-1}$ und für den steilen Winkel $0{,}06\,\mathrm{mm}^{-1}$. Für den flachen Winkel ergeben sich mit einer mittleren relativen Frequenzunsicherheit von $4 \cdot 10^{-4}$ eine relative Geschwindigkeitsauflösung von $5 \cdot 10^{-4}$, eine Ortsauflösung von $16\,\mu\mathrm{m}$ und eine nutzbare Messvolumenlänge von $> 1400\,\mu\mathrm{m}$. Für den steilen Winkel ergibt sich bei einer relativen Frequenzunsicherheit von $4 \cdot 10^{-4}$ eine relative Geschwindigkeitsauflösung von $4 \cdot 10^{-4}$, eine Ortsauflösung von $8\,\mu\mathrm{m}$ und eine nutzbare Messvolumenlänge von $400\,\mu\mathrm{m}$. Tabelle 5.6 fasst die Messeigenschaften des WDM-Systems zusammen.

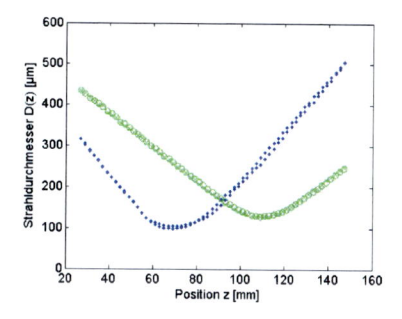

Abbildung 5.13.: Die Kaustikkurven der Strahlen für den halben Kreuzungswinkel von 3,3° des inneren Strahlenpaars. Blaue Punkte: 488 nm, grüne Kreise: 514,5 nm.

(a) 3,3°

(b) 9,9°

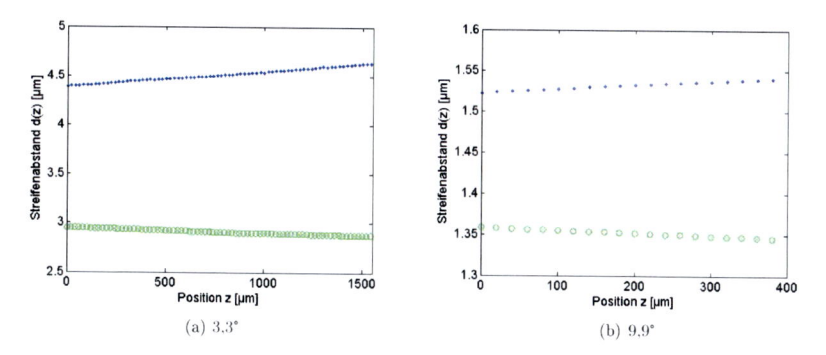

Abbildung 5.14.: Verlauf der Streifenabstände für die halben Kreuzungswinkel 3,3° und 9,9° des inneren Strahlenpaars. Blaue Punkte: 488 nm, grüne Kreise: 514,5 nm.

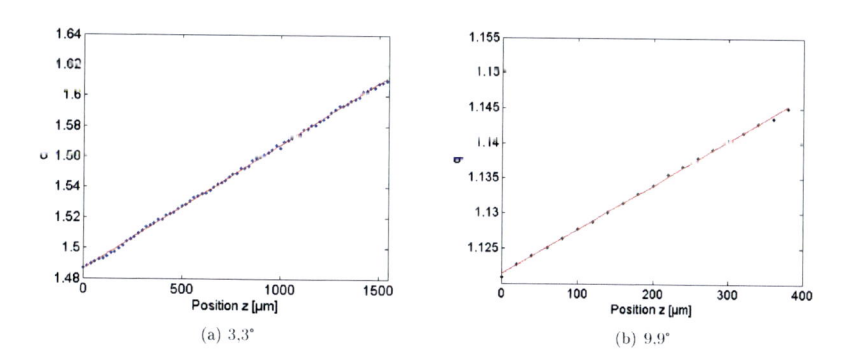

(a) 3,3°

(b) 9,9°

Abbildung 5.15.: Kalibrierkurven für die halben Kreuzungswinkel 3,3° und 9,9° des inneren Strahlenpaars. Blaue Punkte: 488 nm, grüne Kreise: 514,5 nm.

	z_0 in mm	d_0 in µm	M^2
488 nm + 0 MHz	71	95	1,00
488 nm + 40 MHz	72	97	1,02
514,5 nm + 0 MHz	109	140	1,05
514,5 nm + 40 MHz	109	138	1,06

Tabelle 5.5.: Strahltaillenpositionen, Strahldurchmesser und Beugungsmaßzahl der vier Strahlen.

Winkelkonfiguration	1	3
Länge des Messvolumens	> 1,5 mm	ca. 0,4 mm
Leistung im Messvolumen	450 mW	450 mW
Ortsauflösung	ca. 16 µm	ca. 8 µm
Geschwindigkeitsauflösung	$5 \cdot 10^{-4}$	$4 \cdot 10^{-4}$
Arbeitsabstand	ca. 30 cm	ca. 30 cm
Datenrate	> 600 Hz (Rückwärtsstreuung, $\beta = 158°$)	> 60 Hz (Seitwärtsstreuung, $\beta = 125°$)

Tabelle 5.6.: Messeigenschaften des WDM-Systems mit vier einzelnen Sendemodulen für die beiden Winkelkonfigurationen der Sendestrahlen.

5.6. Aufbau des Messsystems am Messort

Der Messkopf wurde auf einer x-y-z-Traversierplattform befestigt (siehe Abb. 5.16). Um eine Dejustage des Messkopfs durch Erschütterungen zu vermeiden, wurde er im befestigten Zustand einjustiert und kalibriert. Dazu konnte der Messkopf um die vertikale Achse gedreht werden, so dass die Strahlen seitlich am Strömungsrohr vorbei zur dort aufgebauten Kalibriervorrichtung zeigten. Die Strömung verläuft in vertikaler Richtung aufwärts durch das Rohr. Für die Messung wurde der Messkopf so ausgerichtet, dass die Strahlen etwa 3 mm seitlich von der Mitte auf das Rohr trafen, da dies zu reduzierten Streureflexen führt. In der Anordnung der Detektionsoptik im schrägen Winkel ist der Bereich des Messvolumens, aus dem Burstsignale empfangen werden aufgrund der Abblendewirkung deutlich kleiner als in Rückwärtsstreuung. Somit waren die Datenraten in Rückwärtsstreuung höher. Deshalb wurde in Rückwärtsstreuung der maximale Bereich des Profils abgefahren, in dem ohne Beeinträchtigung durch Wandstreuung gemessen werden konnte. Für die wandnahe Messung wurde dann die Detektionsoptik im 125°-Winkel eingesetzt.

5.7. Messergebnisse

Abbildung 5.17 zeigt die am unstrukturierten Rohr gemessenen Profile der mittleren Geschwindigkeit und der Geschwindigkeitsfluktuation. Die Position „0" markiert die über die in Abschnitt 5.3.5 dargestellte Methode abgeschätzte Wandposition. Während in Rückwärtsstreuung nur eine Messung bis zu einem Abstand > 1 mm möglich war, wurden in Seitwärtsstreuung Datenpunkte mit einem Abstand von bis zu 125 µm zur Wand erfasst. Dies zeigt, dass eine Messung zwischen den Rippen (Höhe ca. 1 mm) in Zukunft möglich sein wird. Die Messung in Seitwärtsstreuung zeigte den Verlauf bis deutlich über das Turbulenzmaximum hinaus.

KAPITEL 5. AUFBAU EINES MESSSYSTEMS ZUR STRÖMUNGSMESSUNG AN EINEM
KÜHLKREISLAUFMODELL

Abbildung 5.16.: Der Aufbau des Profilsensors zur Messung am Kühlkreislauf. Die Detektionsoptik ist im 125°-Winkel zur Achse des Messkopfs aufgebaut.

(a) Mittlere Geschwindigkeit, Rückwärtsstreuung.

(b) Geschwindigkeitsfluktuation, Rückwärtsstreuung.

(c) Mittlere Geschwindigkeit, Winkel 125°.

(d) Geschwindigkeitsfluktuation, 125°.

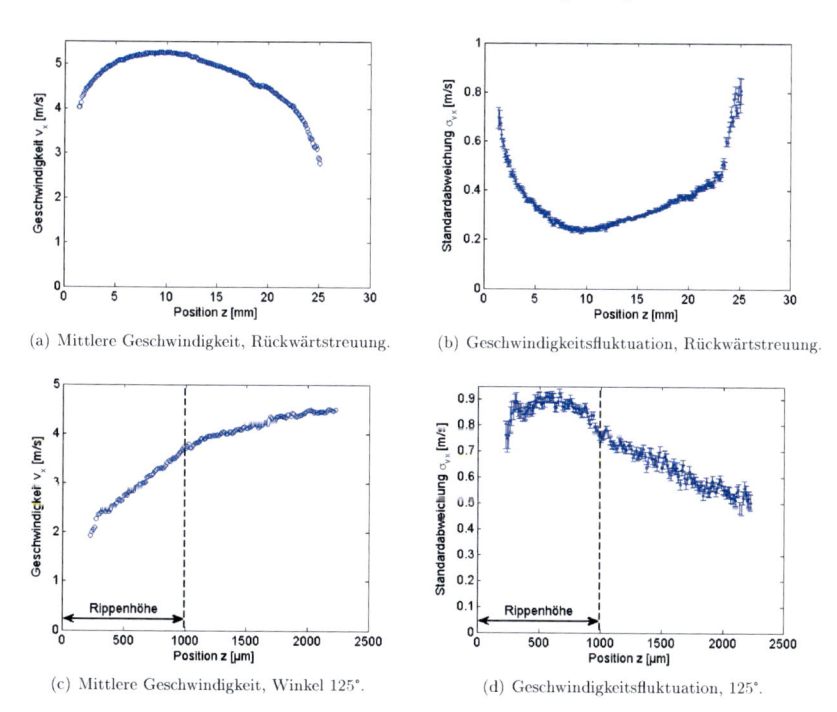

Abbildung 5.17.: Gemessene Profile der mittleren Geschwindigkeit und der Geschwindigkeitsfluktuation. Die eingezeichnete Linie zeigt die Größe der Rippen, mit denen das Rohr in Zukunft strukturiert werden soll.

5.8. Zusammenfassung und Ausblick

Die Strömung am Kühlkreislaufmodell L-STAR kann nicht per DNS simuliert werden, da die Reynolds-Zahl im Bereich > 50000 liegt. PIV und konventionelles LDA erreichen nicht die zur Erfassung der turbulenten Strukturen erforderliche Orts- und Geschwindigkeitsauflösung. Daher wurde ein Profilsensormesssystem entwickelt, dessen Ortsauflösung mit 8 µm unterhalb des geforderten Wertes von 20 µm liegt. Die erreichten Datenraten liegen mit > 600 Hz deutlich oberhalb des geforderten Wertes von 50 Hz. Die Anforderung des Kooperationspartners und die Spezifikationen des Messsystems sind in Tabelle 5.7 zusammengefasst. Die hohe Laserleistung (450 mW im Messvolumen) und eine hohe numerische Apertur der Detektionsoptik von 0,20 garantieren ausreichend Streulicht von den ca. 350 nm großen TiO_2-Streuteilchen. Das entwickelte Messsystem weist deutliche Vorteile in der Bedienung gegenüber bisher verwendeten Systemen (siehe z. B. Kapitel 4) auf. Die Verwendung von Prismen mit 0.5°-Schliff statt 1°-Schliff führt zu einer weniger empfindlichen und damit einfacher handhabbaren Justage. Die Arretierung der Zylinderpositionen der einzelnen Module erfolgt im Gegensatz zu dem in Kapitel 4 dargestellten Messkopf ohne Dejustage der Strahlposition. Die Langzeitstabilität des einjustierten Messkopfes über 2 Monate wurde unter Laborbedingungen verifiziert. Außerdem bringt die Verwendung einer kommerziellen Fasereinkoppeleinheit eine deutlich erhöhte Stabilität der Einkoppelleistung mit sich. Während vorher im industriellen Betrieb deutlich Leistungsverluste im Bereich von Stunden stattfanden, ist bei dem jetzigen System keine merkliche Abschwächung im Betrieb unter Industriebedingungen von mehreren Tagen aufgetreten. Die Fortschritte bezüglich Stabilität und Nutzerfreundlichkeit sind in Tabelle 5.8 zusammengefasst.

Die physikalisch interessanten Strömungsphänomene finden in der Scherschicht in direkter Nähe zur Wand statt. Die Messung wird dadurch erschwert, dass Streulicht von dem Reflex des Laserlichts an der Wand in den Detektor gelangt und so zu einer Verschlechterung des Signal-Rausch-Verhältnisses führt. Um den Wandreflex so weit wie möglich auszublenden, wurde die Detektionsoptik optimiert und in einem Winkel von 125° zur Wandnormalen aufgebaut. Dies ermöglichte die Erfassung von Datenpunkten bis in 125 µm Entfernung zur Wand, während in Rückwärtsstreuung nur eine Messung bis zu einer Entfernung > 1 mm möglich war. Dadurch konnte das Geschwindigkeitsfluktuationsprofil bis über das Maximum hinaus gemessen werden. Für den zukünftigen Einsatz eines Rohres mit Rippen mit Ausmaßen im Millimeterbereich bedeutet dies, dass weit bis in die Rippenzwischenräume hinein gemessen werden kann. In Zukunft soll ein zweites Fenster angebracht werden, das einen orthogonalen Zugang mit der Detektionsoptik und somit einen stärkeren Blendeneffekt ermöglichen soll. Außerdem sind Untersuchungen

	Anforderung	Winkelkonfiguration 1	Winkelkonfiguration 3
Länge des Messvolumens	ca. 1,5 mm	> 1,5 mm	ca. 0,4 mm
Ortsauflösung	ca. 20 µm	ca. 16 µm	ca. 8 µm
Messunsicherheit der Geschwindigkeit	-	$5 \cdot 10^{-4}$	$4 \cdot 10^{-4}$
Arbeitsabstand	ca. 20 cm	ca. 30 cm	ca. 30 cm
Länge der Fasern	ca. 2 m	5 m	5 m
Richtung der Streulichtdetektion	rückwärts	rückwärts (158°) seitwärts (125°)	rückwärts (158°) seitwärts (125°)
Datenrate	> 50 Hz	> 600 Hz (Rückwärtsstreuung, $\beta = 158°$)	> 60 Hz (Seitwärtsstreuung, $\beta = 125°$)

Tabelle 5.7.: Spezifikationen des Messsystems in zwei Winkelkonfigurationen.

	vorheriges System	neues System
Stabilität der Einkoppelleistung	< 50 % nach 2 Stunden	> 75 % nach 4 Tagen
Dejustage bei Arretierung	> 20 µm	< 5 µm
Dejustage im Betrieb	nicht gemessen	< 10 µm in 60 Tagen
Justageprismenwinkel	1°	0,5°

Tabelle 5.8.: Stabilität und Nutzerfreundlichkeit des neues Messsystems im Vergleich zu dem in Kapitel 4 beschriebenen Messsystem.

sinnvoll, um eventuelle Auswirkungen des Glasfensters durch Aberrationen im Strahlengang der Detektionsoptik zu ermitteln. Bei der Detektionsoptik besteht ferner noch Optimierungspotential zum Erreichen schärferer Kanten der Lichtakzeptanzfunktion (siehe Kapitel 3). Zum einen können anstatt der bisher verwendeten achromatischen Doubletts Linsen mit geringerer Aberration eingesetzt werden. Zum anderen könnte der Einsatz von Zwischenblenden zu einem härteren Blendeneffekt als dem der Faser führen. Ein schärferes Ausblenden des Wandreflexes wird außerdem möglich, wenn eine Justiervorrichtung für die Positionierung der Detektionsoptik entlang ihrer optischen Achse eingebaut wird und ein erhöhter Aufwand für genaue Positionierung der Detektionsoptik betrieben wird.

Kapitel 6.

Der Laser-Doppler-Feldsensor zur zweidimensionalen Geschwindigkeitsfeldmessung

6.1. Motivation

Grenzschichten und Scherschichten mit einer kleinskaligen Variation des Strömungsprofils in mehr als einer Ortsdimension treten in vielen Bereichen der Grundlagenforschung, angewandten Forschung und Technik auf. Sie sind bedingt durch die Geometrie der begrenzenden Wände bzw. der Austrittsöffnung der Strömung. So ist z. B. in der Grundlagenforschung die Untersuchung von freien Scherschichtströmungen ohne dominante Hauptströmungsrichtung von großem Interesse, wobei die Strömung bis zur Kolmogorovskala aufgelöst werden muss. In der Anwendung finden sich solche kleinskaligen Strömungen z. B. als Scherschichtströmungen bei Einspritzdüsen, bei Düsen von Tintenstrahldruckern [Mei00] oder bei den Mikrodüsen, die zur Positionierung von Satelliten verwendet werden. Kleinskalige Grenzschichtströmungen findet man z. B. bei Spaltströmungen in Festplatten und Turbomaschinen und im Feld der Mikrofluidik [Whi06], deren Entwicklung in den 1980er Jahren begann. Der Abstand der strömungsbegrenzenden Wände liegt hier in der Größenordnung von 10 µm. Aufgrund der kleinen Abmessungen ist die Reynolds-Zahl der Strömung in der Regel sehr niedrig, und die Strömung ist daher laminar. Aufgrund z. B. von biologischen Komponenten weisen einige Fluide nicht-newtonsches Verhalten auf, was eine Voraussage des Strömungsfeldes schwieriger oder, bei einer ungenauen Kenntnis des Viskositätsverhaltens, unmöglich macht. Zum Feld der Mikrofluidik gehören neben miniaturisierten Flüssigkeitspumpen, Mikromischern, Mikroventilen und Mikroviskosimetern die Labs-on-chips, das heißt integrierte Chiplabore, die einen oder mehrere Laborprozesse auf kleinstem Raum ermöglichen. Eine Sonderform des Chiplabors ist das µTAS (micro total analysis system), auf welchem der vollständige Ablauf zur komplexen chemischen Substanzanalyse integriert ist. Beispiele für µTAS sind Analyselabors für die klinische Pathologie, die Blutanalyse auf Drogenrückstände oder die Untersuchung von Wasserproben. In einigen Feldern, z. B. der Flüssigkeitschromatographie oder bei der medizinischen Dosierung ist die präzise Durchflussmessung von großer Bedeutung. Ein aus medizinischer Sicht besonders wichtiges Gebiet der Mikrofluidik ist die In-vivo-Messung von Geschwindigkeitsprofilen von Blutströmungen in Arterien und Arteriolen zu Zwecken der Arterioskleroseforschung [Ven07].

Alle genannten Anwendungen erfordern eine mehrdimensionale Strömungsfeldmessung mit hoher Orts- und Geschwindigkeitsauflösung.

6.2. Stand der Technik

Die konventionelle Laser-Doppler-Anemometrie lässt sich nur bedingt für Mikroströmungen anwenden. Die typischen Abmessung des LDA-Messvolumens sind $0,1 \times 0,1 \times 1\,\text{mm}^3$. Die zum Erreichen einer hohen Ortsauflösung notwendige starke Fokussierung der Laserstrahlen bringt eine erhöhte Ungenauigkeit bei der Bestimmung der Geschwindigkeit mit sich, da Orts- und Geschwindigkeitsauflösung sich komplementär verhalten, siehe Gleichung (2.9). In [Lo02] wird von der Messung in einem Mikrokanal mit einem LDA der Wellenlänge 633 nm, einem halben Kreuzungswinkel von 26.5° und einer Messvolumenlänge von 22.5 µm berichtet. Der nach (2.9) für die Streifenabstandsvariation berechnete Wert liegt bei ca. 0.7 %. Tieu et. al. [Tie95] berichten von einer Fokussierung des Messvolumens auf $< 10\,\mu m$ bei einem Wellenlänge von 685 nm und einem halben Kreuzungswinkel von 39.8° zur Messung des (näherungsweise) parabolischen Profils in einem 175 µm breiten Kanal. Sie liefern keine Angabe zur Messunsicherheit der Geschwindigkeit. Der mittels (2.9) abgeschätzte Wert liegt bei einer Streifenabstandsvariation von mindestens 0.7 %. Somit kann mit LDA kein Messaufbau erreicht werden, dessen Ortsauflösung im Mikrometer- oder Sub-Mikrometerbereich und dessen relative Geschwindigkeitsauflösung gleichzeitig im Bereich von 10^{-3} oder 10^{-4} liegt.

Mikro-PIV (µPIV) basiert auf der Verwendung von fluoreszenten Streuteilchen, die durch ein Mikroskopobjektiv beleuchtet werden [Mei99]. Die Beobachtung der Streuteilchen mittels einer hochauflösenden Kamera erfolgt durch dasselbe Objektiv in Rückwärtsstreuung, wobei das Fluoreszenzlicht mittels eines Filters (z. B. eines dichroitischen Spiegels) selektiert wird. Dadurch erreicht kein von Fresnel-Reflexen an den Kanalwänden stammendes Streulicht der Laserwellenlänge die Kamera, was wandnahe Messungen begünstigt. Ort und Geschwindigkeit werden in der zur Beobachtungsrichtung orthogonalen Ebene erfasst. Aufgrund der auf Korrelation basierenden Auswertung liegt die relative Geschwindigkeitsauflösung nur im Bereich von einigen %. Die erreichte Ortsauflösung liegt im Mikrometer- oder Sub-Mikrometerbereich und wird durch das Abbe-Limit und die Pixelauflösung begrenzt. Die Ortsauflösung in Beobachtungsrichtung ist durch den Bereich vorgegeben, innerhalb dessen Streuteilchen erfasst werden, also der Fokustiefe des Beleuchtungsstrahls (typischerweise $> 10\,\mu m$). Stereo-Mikro-PIV [Lin06, Bre07] ermöglicht durch die Verwendung von zwei gekippten Kameras die Messung der Geschwindigkeitskomponente (aber nicht der Ortsdimension) in Beobachtungsrichtung. Scanning-Mikro-PIV [Ang06] ermöglicht durch das schnelle Abscannen (Frequenz 100 Hz) von verschiedenen Fokuspositionen eine Erfassung der Strömung in drei Ortsdimensionen (aber nur zwei Geschwindigkeitskomponenten) in einem Bereich von 5 µm. Alle genannten Verfahren haben einen Arbeitsabstand von wenigen mm oder kleiner, was einen entsprechenden geometrischen Zugang zur Strömung voraussetzt. Größere Arbeitsabstände im 10 cm-Bereich, beruhend auf der Verwendung von Mikroskopobjektiven mit großem Arbeitsabstand, wurden in [Käh06] demonstriert, führten allerdings zu einer Verschlechterung der Ortsauflösung um einen Faktor 10 bis 100.

Doppler-Fourier-Domänen-OCT[1] wurde erfolgreich zur Messung von Geschwindigkeitsprofilen in einer Glaskapillare von 320 µm Breite [Wal09] angewendet. Ein Vorteil des Verfahrens ist die extrem schnelle Aufnahme eines Geschwindigkeitsprofils mit einer Frequenz von $f \approx 12\,\mathrm{kHz}$ und die hohe Ortsauflösung von $< 10\,\mu m$ in axialer Richtung. Das Verfahren erfasst die Geschwindigkeitskomponente in Richtung der optischen Achse des OCT-Probenstrahls. Die Geschwindigkeitsauflösung bei einem typischen Phasenrauschen von 0.2 rad beträgt ca. 0.1 mm/s bis 0.2 mm/s (einfache Standardabweichung). Für die Bestimmung eines zweidimensionalen Geschwindigkeitsfeldes in einer Geschwindigkeitskomponente ist ein transversales Scannen des Probenstrahls notwendig. Die maximale messbare axiale Probengeschwindigkeit im linearen Messbereich wird durch die Aufnahmegeschwindigkeit des OCT-Systems limitiert und beträgt bei dem in [Wal09] aufgezeigten System 2.5 mm/s, kann jedoch durch Phase-Unwrapping um ein Vielfaches erweitert werden.

In dieser Arbeit wird erstmals ein Verfahren vorgestellt, in dem die Laser-Doppler-Technik zur zweidimensionalen Geschwindigkeitsfeldmessung verwendet wird. Der auf der Kombination von zwei Profilsensoren beruhende Feldsensor gewährt eine Auflösung des Strömungsfeldes im Mikrometerbereich, wobei die Ortskoordinate entlang des optischen Zugangs erfasst wird. Die Ge-

---

[1] OCT = optical coherence tomography

schwindigkeitsauflösung liegt bei etwa 10^{-3}, was mehr als eine Größenordnung genauer ist als µPIV. Außerdem liegt der Arbeitsabstand im Bereich einiger Zentimeter, was den Zugang zu Strömungen ermöglicht, die mit µPIV nicht erreicht werden können.

6.3. Aufbau

Der Laser-Doppler-Feldsensor [Bay07, Voi08, Voi09b] beruht auf der orthogonalen Überlagerung der Messvolumina zweier Profilsensoren (siehe Abb. 6.1). Der Messbereich des Feldsensors ist der quasi-rechteckige Überlagerungsbereich der Messvolumina, wobei die Ausmessungen des Bereichs durch die Breiten der einzelnen Messvolumina gegeben sind. Insgesamt werden vier Streifensysteme verwendet, das heißt jedes Streuteilchen, das den Messbereich passiert, erzeugt vier koinzidente Burstsignale. Ein Profilsensor misst die Koordinate x, der andere misst y. Dadurch wird eine zweidimensionale Positionsbestimmung ohne Kamera ermöglicht. Der Feldsensor arbeitet somit bildgebend, aber nicht abbildend. Beide Profilsensoren liefern eine unabhängige Messung von v_z. Es können für jeden Profilsensor separate Detektionsoptiken oder eine einzelne Detektionsoptik für beide Profilsensoren verwendet werden. Die Detektionsoptik bzw. -optiken können beliebig im Raum positioniert werden, je nach den geometrischen Gegebenheiten.

Während der Messung passieren einzelne Teilchen das Messvolumen stochastisch, von denen die zweidimensionale Position und die orthogonale Geschwindigkeit ermittelt werden. Nach der Messung von vielen Teilchen wird mittels Einteilung in zweidimensionale Slots oder einer gleitenden Mittelwertbildung das Strömungsfeld bestimmt. Wie beim Profilsensor erlaubt eine höhere Zahl an Datenpunkten ein kleineres Mittelungsfeld und damit eine höhere effektive Ortsauflösung (siehe Abschnitt 2.6). Für den Aufbau wurden ein auf Wellenlängenmultiplex basierender und ein auf Frequenzmultiplex basierender Profilsensor verwendet, deren Eigenschaften in Tabelle 6.1 wiedergegeben sind.

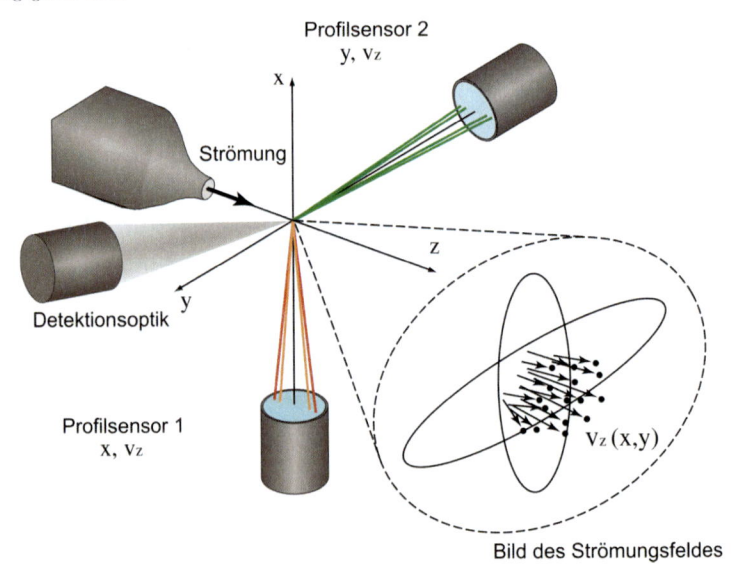

Abbildung 6.1.: Schematischer Aufbau des Laser-Doppler-Feldsensors mit orthogonaler Überlagerung zweier Profilsensor-Messvolumina.

KAPITEL 6. DER LASER-DOPPLER-FELDSENSOR ZUR ZWEIDIMENSIONALEN
GESCHWINDIGKEITSFELDMESSUNG

	WDM-Profilsensor	FDM-Profilsensor
Koordinate	x	y
Wellenlänge	658 nm/785 nm	532 nm
Leistung im Messvolumen	42 mW/25 mW	40 mW (gesamt)
Strahltaillendurchmesser	40 µm/60 µm	80 µm
Breite des Messvolumens	57 µm	113 µm
Zentraler Streifenabstand	2,9 µm	4,5 µm
Steigung der Kalibrierkurve	$0{,}6\,\mathrm{mm}^{-1}$	$0{,}13\,\mathrm{mm}^{-1}$
Länge des Messvolumens	250 µm	750 µm
Arbeitsabstand	5 cm	31 cm
Fotodetektor	APD, 25 MHz Bandbreite	APD, 200 MHz Bandbreite

Tabelle 6.1.: Parameter der für den Feldsensor verwendeten Profilsensoren.

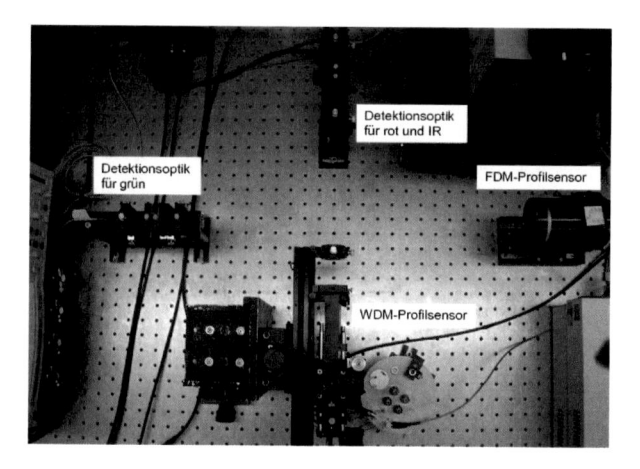

Abbildung 6.2.: Foto des Feldsensoraufbaus mit separaten Detektionsoptiken.

Der FDM-Profilsensor beruht auf dem in Abschnitt 4.3.3 geschilderten Aufbau mit akustooptischen Modulatoren. Der Messkopf der Firma Schäfter und Kirchhoff verwendet eine einzelne Frontlinse der Brennweite 310 mm. Eine detaillierte Beschreibung des Messkopfs ist in [Pfi05b] zu finden. Abbildung 6.2 zeigt eine Foto des Aufbaus mit separaten Detektionsoptiken, die in Vorwärtsstreuung angeordnet sind. Für die Kalibrierung und die Messung an einer Einspritzdüse wurde ein Aufbau mit einer integrierten Detektionsoptik gewählt (siehe Abb. 6.3). Dieser basiert auf dem gleichen Prinzip wie der Aufbau zur Trennung zweier Wellenlängen (siehe Abb. 2.5): Mittels dichroitischer Spiegel wird das Licht einer Wellenlänge herausgefiltert und trifft auf einen separaten Fotodetektor.

6.4. Signalverarbeitung

Jedes Streuteilchen, welches das Feldsensor-Messvolumen passiert, sendet vier Burstsignale aus, siehe Abb. 6.4. Die Dopplerfrequenzen der Beispielsignale liegen im MHz-Bereich. Wie in Abschnitt 2.6 dargestellt, haben die Signale des WDM-Sensors einen Gleichanteil, während die FDM-Signale gleichanteilsfrei sind

Die Auswertung erfolgt mittels des in Abschnitt 2.6 beschriebenen kombinierten FFT-QDT-

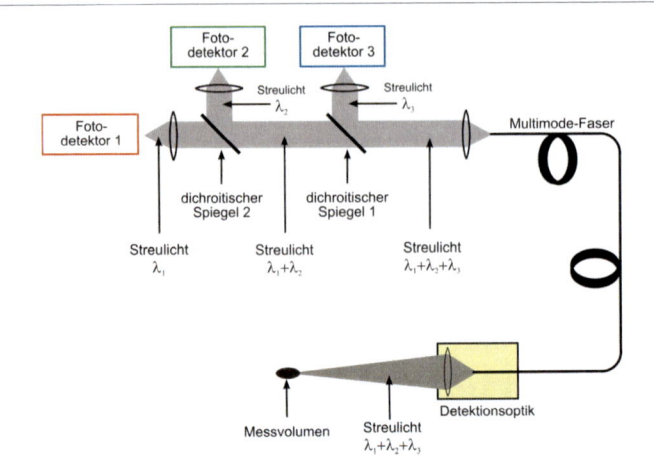

Abbildung 6.3.: Integrierte Detektionsoptik, in der das Streulicht in seine spektralen Bestandteile separiert wird.

Verfahrens. Die Geschwindigkeit v_z ergibt sich als Mittelwert der mit den beiden Profilsensoren bestimmten Werte. Zur Validierung werden drei Schritte herangezogen. Zum einen muss eine Überlagerung der vier Burstsignalamplituden mit einer Genauigkeit von mindestens einer halben Burstlänge vorhanden sein. Als Schwelle für das SNR wurden 0 dB festgelegt. Außerdem muss die gemessene Postion des Streuteilchens innerhalb des vorgegebenen Messfeldes liegen. Die Signalverarbeitung erfolgte in MatLab und erreichte an einer Zerstäuberdüse Datenraten von bis zu 50 Hz. Bei einer Implementierung der Burstfrequenzauswertung in C kann die Datenrate weiter gesteigert werden, siehe Abschnitt 5.3.6.

6.5. Kalibrierung und Charakterisierung

Die Kalibrierung des Feldsensors besteht in der Messung der lokalen, das heißt von der Position (x, y) abhängigen, Streifenabstände der vier Streifensysteme. Dazu wurde der für die Profilsensorkalibrierung verwendete Aufbau (Abschnitt 2.7) leicht modifiziert. Die Lochblende passiert das Messfeld in z-Richtung, wobei die rotierende Scheibe, in der die Blende eingefasst ist, im 45°-Winkel zu den Achsen der beiden Profilsensoren steht. Da die Lichtstreuung durch die Blende aufgrund des schrägen Winkels stark reduziert ist, musste ein Blendendurchmesser von 10 µm gewählt werden. Die Detektion erfolgte mittels einer einzelnen integrierten Detektionsoptik (siehe Abb. 6.3), die direkt hinter der Scheibe positioniert wurde. Die Halterung der Scheibe war auf einem motorisierten x-y-Präzisionslineartisch aufgebracht. Als Rastergröße bei der Kalibrierung wurden 5 µm × 5 µm eingestellt, wobei pro Position 50 Burstsignale gemittelt wurden.

Zur Charakterisierung des Feldsensors wurde ebenfalls der Kalibrierstand verwendet. Für jede Position x,y und eine feste Geschwindigkeit $v_z = 3{,}1416$ m/s wurden 50 Messwerte von Position und Geschwindigkeit aufgenommen. Daraus wurde für jede Position die systematische betragsmäßige Abweichung des Mittelwerts der gemessenen x-,y- und v_z-Werte von den vorgegebenen Werten und die zufällige Messabweichung (Standardabweichung) ermittelt. Durch Mittelung über das ganze x-y-Feld wurden die mittleren und maximalen Abweichungen für die Messung von x,y und v_z berechnet. Die ermittelten Werte sind in Tabelle 6.2 dargestellt. Die zufälligen Messabweichungen überwiegen gegenüber den systematischen Messabweichungen. Die im Vergleich zur

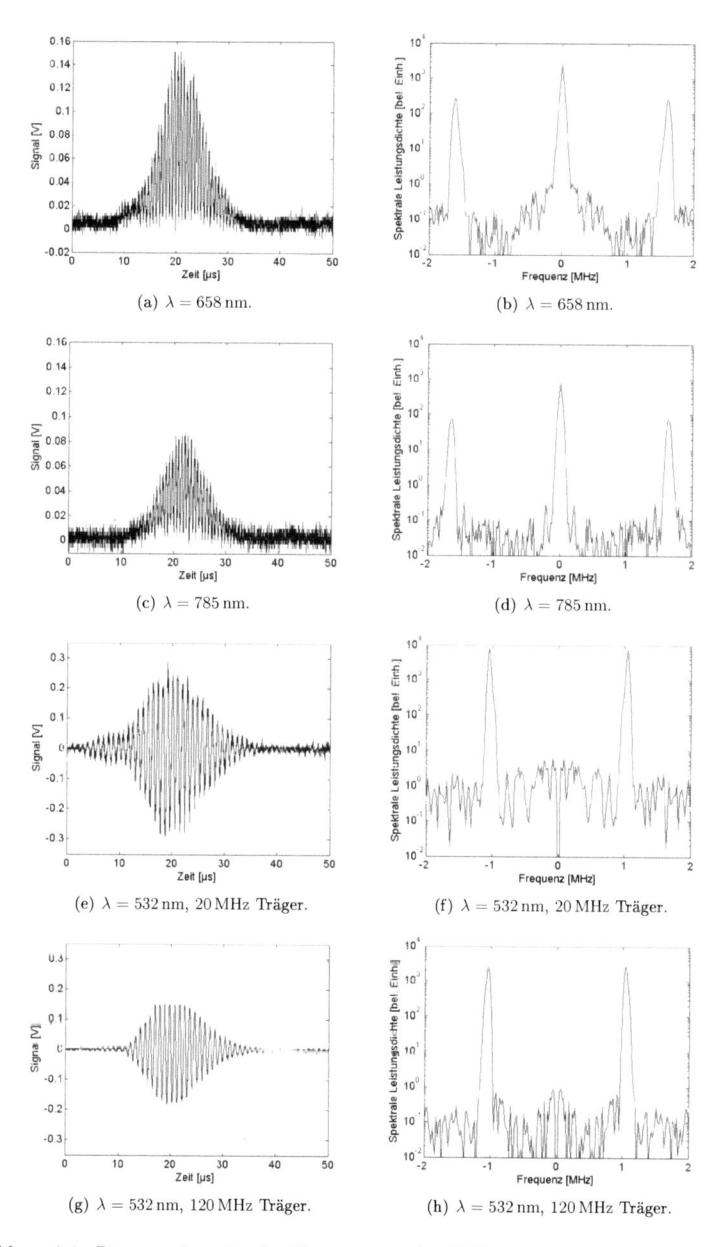

KAPITEL 6. DER LASER-DOPPLER-FELDSENSOR ZUR ZWEIDIMENSIONALEN
GESCHWINDIGKEITSFELDMESSUNG 77

(a) $\lambda = 658\,\text{nm}$.

(b) $\lambda = 658\,\text{nm}$.

(c) $\lambda = 785\,\text{nm}$.

(d) $\lambda = 785\,\text{nm}$.

(e) $\lambda = 532\,\text{nm}$, 20 MHz Träger.

(f) $\lambda = 532\,\text{nm}$, 20 MHz Träger.

(g) $\lambda = 532\,\text{nm}$, 120 MHz Träger.

(h) $\lambda = 532\,\text{nm}$, 120 MHz Träger.

Abbildung 6.4.: Die von den vier Streifensystemen des Feldsensors stammenden Burstsignale eines Streuteilchens und deren spektrale Leistungsdichte.

	Δx	Δy	Δv_z	σ_x	σ_y	σ_{v_z}
Mittelwert	2,7 µm	5,8 µm	$0,45 \cdot 10^{-3}$	4,1 µm	15,9 µm	$0,9 \cdot 10^{-3}$
Maximum	7,3 µm	16,4 µm	$1,9 \cdot 10^{-3}$	11,5 µm	22,3 µm	$1,4 \cdot 10^{-3}$

Tabelle 6.2.: Systematische und zufällige Messabweichung bei der Charakterisierung des Feldsensors mittels Lochblende.

x-Koordinate etwa um einen Faktor 4 höhere zufällige Messabweichung für die y-Koordinate ist durch die höhere Steigung der Kalibrierkurve des WDM-Sensors bedingt (siehe (2.12)).

Das so ermittelte Messfeld hat eine Größe von 40 µm × 120 µm, was in etwa den Breiten der Profilsensormessvolumina entspricht (siehe Tabelle 6.1). Eine Skalierung des Messfeldes ist, bei gleichzeitiger Skalierung der Ortsauflösung, durch Austausch der Frontlinsen möglich.

6.6. Geschwindigkeitsfeldmessung an einer Einspritzdüse

Mit dem so aufgebauten Feldsensor wurde die Luftströmung am Austritt einer Einspritzdüse der DSLA Serie von Bosch gemessen [Voi08], die mit konstantem Luftdruck getrieben wurde[2]. Ein Foto der Einspritzdüse, deren Öffnungsdurchmesser 260 µm beträgt, ist in Abb. 6.5 zu sehen. Als Streuteilchen wurden polydisperse Glyzerin-Teilchen mit Durchmesser im Mikrometerbereich verwendet. Das Messfeld war im Abstand von 2 mm zum Düsenaustritt positioniert. Durch Kombination von vier direkt hintereinanderstehenden Achromaten erreichte die integrierte Detektionsoptik eine hohe numerische Apertur von 0,30. Im Experiment hat sich gezeigt, dass trotz der optischen Verzeichnungen, die in dieser Anordnung auftreten, deutlich mehr Streulicht in die Faser eingekoppelt werden konnte als bei Verwendung eines Kepler-Teleskops oder bei Verwendung von drei Achromaten. Die Messdauer betrug etwa 25 min, und bei einer Datenrate von 20 Hz wurden insgesamt etwa 30000 Rohdatenpunkte aufgenommen. Abbildung 6.6 zeigt das durch eine gleitende Mittelwertbildung mit einem 12,5 µm × 12,5 µm-Fenster erhaltene Geschwindigkeitsprofil. In Abb. 6.7 sind Schnitte durch das zweidimensionale Profil dargestellt. Der maximal gemessene Wert für die mittlere Geschwindigkeit beträgt ca. 25 m/s und über die Flanken wurde ein Abfall von 3 m/s gemessen.

Abbildung 6.5.: Diesel-Einspritzdüse der DSLA-Serie von Bosch. Der Düsendurchmesser ist 260 µm.

---

[2] Im realen Betrieb der Einspritzdüse im Motor würde eine pulsierende Mehrphasenströmung auftreten

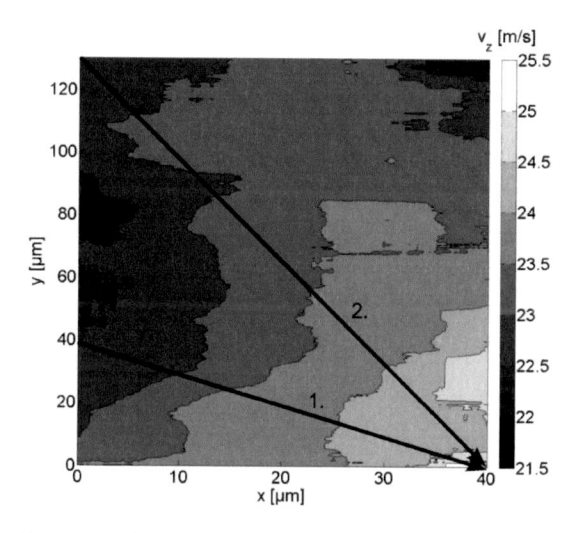

Abbildung 6.6.: Gemessenes Geschwindigkeitsfeld im Abstand von 2 mm zur Öffnung der Einspritzdüse. Die Düsenmitte befindet ich auf dem Bild rechts unten.

(a) Schnitt 1.

(b) Schnitt 2.

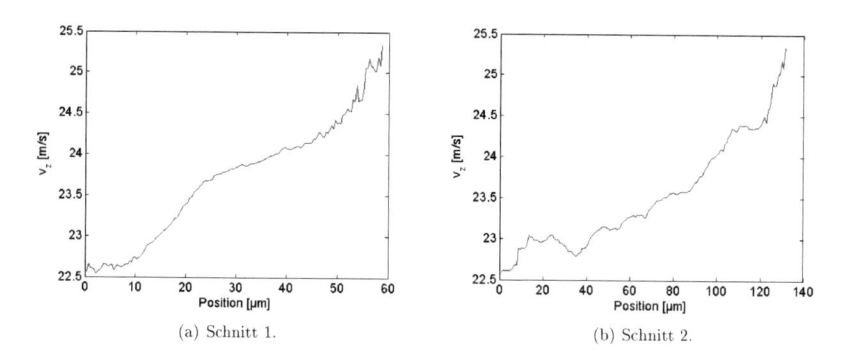

Abbildung 6.7.: Die in Abbildung 6.6 dargestellten Schnitte durch das Strömungsfeld der Einspritzdüse. Der Abfall über den dargestellten Bereich beträgt etwa 3 m/s.

6.7. Messung des Strömungsfeldes in einem Mikrokanal

Aufgrund der hohen Orts- und Geschwindigkeitsauflösung und der Erfassung beider zur Strömungsrichtung orthogonalen Ortskoordinaten hat der Feldsensor für die Messung an mikrofluidischen Strömungen ein hohes Potential. Dadurch wird insbesondere auch die Durchflussbestimmung durch Integration über das Geschwindigkeitsfeld möglich (siehe auch Abschnitt 4.1). Zur Strömungsfeldmessung an einem Mikrokanal [Voi09b] wurde ein Aufbau mit zwei WDM-Profilsensoren benutzt, da dies die Verwendung von Detektoren mit geringerer Bandbreite und daher einem geringeren minimalen NEP gestattet, was eine niedrigere Messunsicherheit ermöglicht (siehe Abschnitt 2.4). Die für den ersten Profilsensor verwendeten Wellenlängen lie-

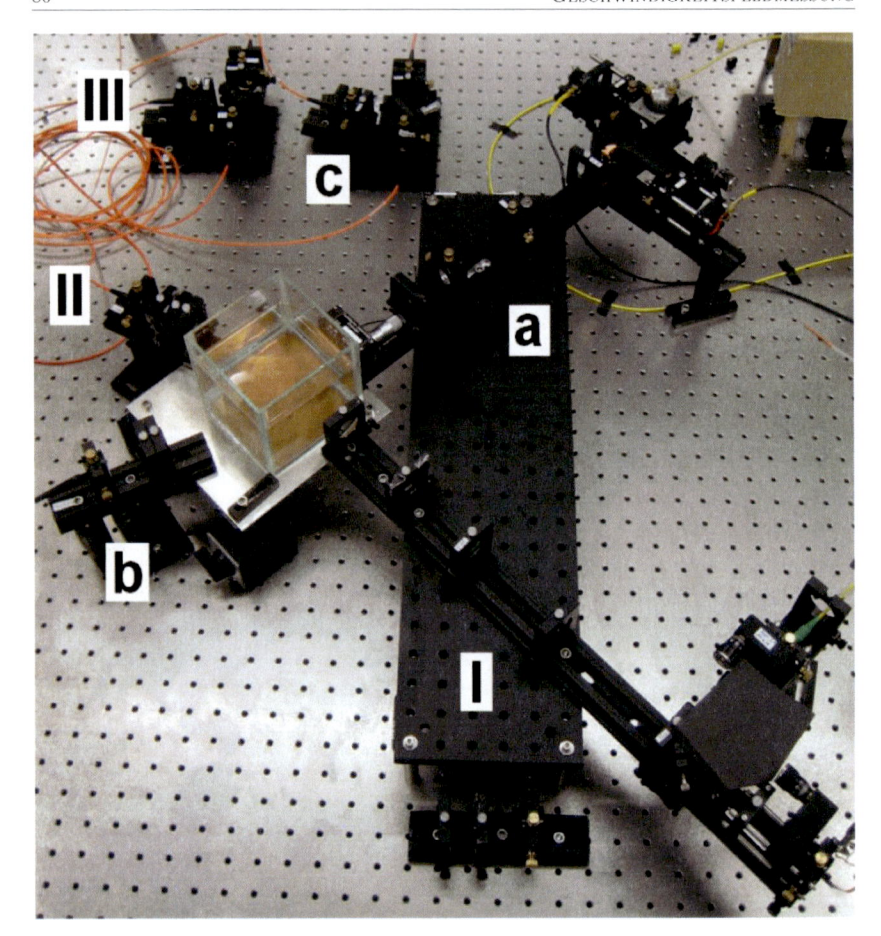

Abbildung 6.8.: Aufbau des Feldsensors für die Mikrofluidik. I: Sendeoptik des ersten Profilsensors; II: Detektionsoptik des ersten Profilsensors; III: Demultiplexeinheit des ersten Profilsensors; a: Sendeoptik des zweiten Profilsensors; b: Detektionsoptik des zweiten Profilsensors; c: Demultiplexeinheit des zweiten Profilsensors.

gen bei 654 nm und 784 nm (zentraler Streifenabstand 1,82 µm), die des zweiten Profilsensors bei 532 nm und 830 nm (zentraler Streifenabstand 2,28 µm). Die Größe des Messfeldes betrug ca. 50 µm × 50 µm. Ein Foto des Aufbaus ist in Abb. 6.8 zu sehen. Als strömendes Fluid wurde ein Wasser-Glyzerin-Gemisch im Volumenverhältnis von 54,3:45,7 verwendet, das näherungsweise an den Brechungsindex von PDMS[3] von $\approx 1,41$ angepasst war. Eine vollständige Anpassung ist aufgrund der Brechungsindexdispersion bei den vier verwendeten Wellenlängen nicht möglich. Der Kanal war aus kleberfrei verbundenem PDMS gefertigt, das durch transparentes Polykarbonat gestützt wurde. Alle die Strömung begrenzenden Seiten des Kanals waren aus PDMS und der optische Zugang direkt zum PDMS war durch eine Aufbohrung im Polykarbonatträger mög-

---

[3]PDMS = Poly-Di-Methyl-Siloxan

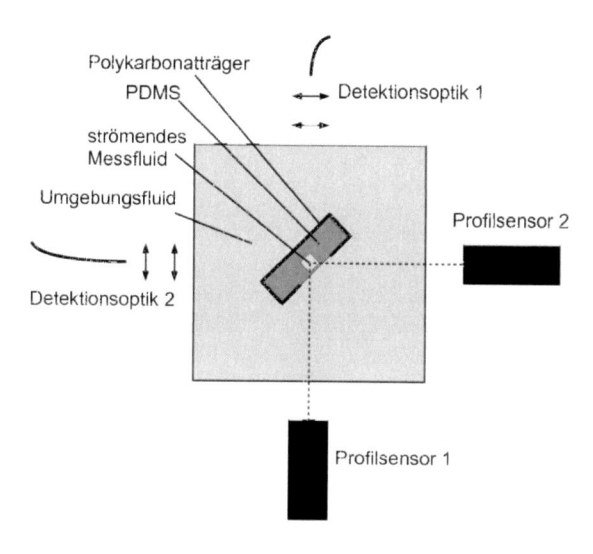

Abbildung 6.9.: Aufbau zur Messung am Mikrokanal mit quadratischem Querschnitt.

lich. Der nominelle Strömungsquerschnitt des Kanals war $80 \times 80\,\mu m^2$. Da der Kanal nur einen einzigen direkten optischen Zugang zum PDMS hatte, wurde er im 45°-Winkel zu den optischen Achsen der beiden Profilsensoren angeordnet. Um Brechung an geneigten Oberflächen zu vermeiden, wurde der Mikrokanal bei der Messung in ein Bassin getaucht, das mit dem Messfluid gefüllt war. Das Bassin war so ausgerichtet, dass die optischen Achsen der beiden Profilsensoren senkrecht auf die Glaswände standen (siehe Abb. 6.9). Eine 89 cm hohe Fluidsäule diente als Pumpe der Strömung mit konstantem Druck. Monodisperse Polystyrolteilchen mit einer Dichte von $1.05\,g/cm^3$ und einem Durchmesser von $1.3\,\mu m$ wurden als Streuteilchen verwendet.

Abbildung 6.10(a) zeigt das gemessene gemittelte Geschwindigkeitsprofil. Die Koordinaten wurden dabei so transformiert, dass die x-Richtung der Breite des Kanals und die y-Richtung der Tiefe des Kanals entspricht. Der Ausschnitt von knapp $50 \times 45\,\mu m^2$ umfasst etwa 35 % des gesamten Kanalquerschnitts. Während in x-Richtung das Strömungsmaximum etwa in der Mitte liegt, ist es in y-Richtung am Rand des erfassten Feldes. Aufgrund der Reynolds Zahl von ca. 10^{-3} ist eine rein laminare Strömung zu erwarten. Die aus den Daten bestimmte Streuung der Ortsposition beträgt in x-Richtung $7\,\mu m$ und in y-Richtung $21\,\mu m$. An das gemessene Profil wurde durch lineare Regression eine Funktion zweiter Ordnung (Paraboloid) angepasst[4]. Der relative Abstand bezüglich der L^1-Norm zwischen dem gemessenen Profil und dem Fitprofil beträgt 3.3 %. Die Ursache für diese Abweichung und die erhöhte gemessene Streuung der Ortsposition liegt vermutlich an der verbleibenden Verzerrung der Strahlen an den Grenzflächen. Der bestimmte Durchfluss durch den gemessenen Bereich beträgt $163 \pm 1.3\,nl/s$ (zufällige Messabweichung). Aufgrund der Größe und Lage des Querschnitts, auf dem der Durchfluss bestimmt wurde, ist zu erwarten, dass dies ein Anteil von $> 35\,\%$ und $< 50\,\%$ des Gesamtdurchflusses ist. Der durch präzises Wiegen bestimmte Durchfluss durch den gesamten Kanalquerschnitt ist damit in Übereinstimmung und beträgt $347\,nl/s$, was 47 % des gemessenen Wertes entspricht.

---

[4] Die Funktion zweiter Ordnung ist eine Näherung des tatsächlich zu erwartenden Profilverlaufs. Dieser kann nur durch eine numerische Simulation berechnet werden.

(a) Messung.   (b) Fit.

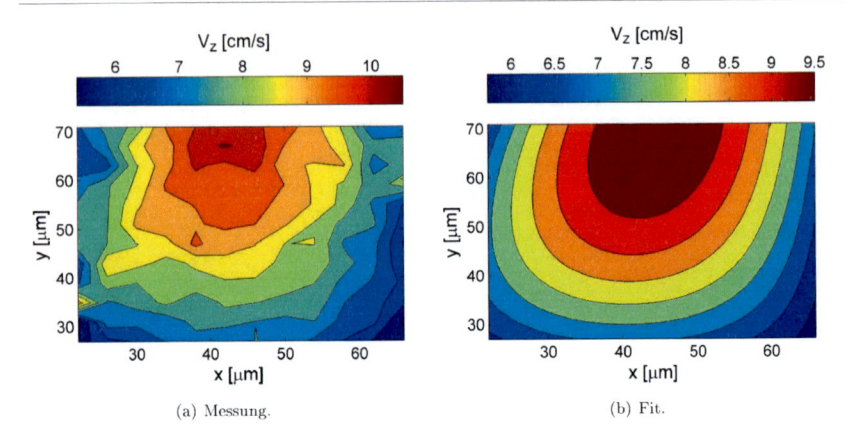

Abbildung 6.10.: Mit dem Feldsensor gemessenes Strömungsprofil eines Mikrokanals und die Fitfunktion zweiter Ordnung.

Die Messung zeigt den ersten Einsatz eines auf der Laser-Doppler-Technik basierenden Messsystems an einer Mikrokanalströmung zur Messung eines zweidimensionalen Strömungsfeldes.

6.8. Zusammenfassung und Ausblick

Der Laser-Doppler-Feldsensor ermöglicht die zweidimensionale Geschwindigkeitsfeldmessung mit hoher Orts- und Geschwindigkeitsauflösung. Die gemessene Geschwindigkeitskomponente ist bezüglich der gemessenen Ortskoordinaten die „out-of-plane"-Komponente. Damit hat der Sensor großes Potential für die Erfassung von Grenzschichten, wie sie in der Mikrofluidik vorkommen, und von Scherschichten, z. B. bei Fluiden, die aus Mikrodüsen strömen. Die Funktion des Feldsensors wurde durch die Messung an einer Einspritzdüse und einem Mikrokanal demonstriert. Der Feldsensor ist theoretisch nicht durch Pixelauflösung und das Abbe-Limit begrenzt. An einer rotierenden Lochblende wurden bisher Auflösungen von 4 µm in x-Richtung und 16 µm in y-Richtung gezeigt. Die relative Geschwindigkeitsauflösung betrug 10^{-3} und ist damit um mehr als eine Größenordnung genauer als µPIV. Ferner erlaubt der Sensor die Messung der Position entlang des optischen Zugangs, was bei µPIV nicht möglich ist. Der Arbeitsabstand im Bereich von einigen cm öffnet den Zugang zu Messstellen, die mit µPIV (Arbeitsabstand einige mm und geringer) nicht erfasst werden können. Die Messfelder der aufgebauten Feldsensoren (120 µm × 40 µm und 50 µm × 50 µm) können durch Austausch der Frontlinsen der Profilsensoren einfach skaliert werden. Der Messbereich der Geschwindigkeit ist durch die Bandbreite der verwendeten Detektoren begrenzt. Es wurden in der Strömungsmessung Werte von wenigen cm/s bis 25 m/s gezeigt. Fourier-Domänen-OCT liefert eine ähnlich hohe Ortsauflösung von < 10 µm und eine schnelle Aufnahme eines Geschwindigkeitsprofils mit einer Frequenz von $f \approx 12$ kHz Dafür ist die erreichbare Geschwindigkeitsauflösung auf 0,1 mm/s bis 0,2 mm/s limitiert. Da die Geschwindigkeitsauflösung des Feldsensors relativ zur Strömungsgeschwindigkeit ist, kann für niedrige Strömungsgeschwindigkeiten (< 0,1 m/s) eine deutlich höhere Geschwindigkeitsauflösung erreicht werden als mit dem in [Wal09] beschriebenen Fourier-Domänen-OCT-Verfahren. Ein potenzielles Einsatzgebiet für den Feldsensor ist insbesondere die hochpräzise Durchflussbestimmung in Mikrokanälen. Eine zukünftige Auswertung des Frequenzchirps der Burstsignale ermöglicht die Messung der Geschwindigkeiten entlang der Achsen der beiden Profilsensoren.

	Profilsensor 1	Profilsensor 2
Richtung der optischen Achse	x	y
Laterale Geschwindigkeitskomponente	v_z	v_z
Axiale Geschwindigkeitskomponente	v_x	v_y
Ortskoordinate	x	y

Tabelle 6.3.: Schema zur Bestimmung des Geschwindigkeitsfeldes in zwei Koordinaten und drei Geschwindigkeitskomponenten.

Damit wäre die Bestimmung der Position eines Streuteilchens in zwei Ortskoordinaten und die Erfassung von allen drei Geschwindigkeitskomponenten möglich (siehe Tabelle 6.3). Die Genauigkeit der Bestimmung der axialen Geschwindigkeit nimmt dabei mit steigender Kalibrierfunktion zu. Bisher wurde eine relative zufällige Messabweichung von 3 % gezeigt [Büt06a]. Ein Winkel < 90° zwischen den Profilsensoren würde bei Detektion in Rückwärtsrichtung auch Messungen durch einen engen optischen Zugang ermöglichen. Eine Steigerung der Ortsauflösung des Sensors ist durch eine schärfere Fokussierung der Strahlen möglich. So wurde für einen Profilsensoraufbau bereits eine Ortsauflösung im Sub-Mikrometerbereich an einer Mikrokanalströmung gezeigt [Kön10]. Durch die Verwendung von Lasern hoher Leistung [Cza06] lässt sich das SNR und damit die Orts- und Geschwindigkeitsauflösung weiter erhöhen. Für schnelle Strömungen mit einer hohen Streuteilchendichte lassen sich bei der Verwendung der in Abschnitt 5.3.6 genannten in C implementierten Signalverarbeitung deutlich höhere Datenraten erreichen. Ein auf Zeitmultiplex basierender Profilsensor wird in Abschnitt B.1 skizziert. Dieser kann zum Feldsensor erweitert werden. Damit würden durch Dispersion bedingte Probleme beseitigt und außerdem die Verwendung von fluoreszenten Streuteilchen ermöglicht. Durch Verwendung von drei Paaren von Streifensystemen ist es möglich, den Feldsensor zu einem Messverfahren in drei Ortskoordinaten und drei Geschwindigkeitskomponenten zu erweitern.

Kapitel 7.
Zusammenfassung und Ausblick

7.1. Zusammenfassung

Gas- und Flüssigkeitsströmungen sind in vielen Bereichen der Technik zu finden. So spielen Strömungsphänomene im Bereich der Erdgasversorgung, in Kühlkreisläufen, in der Medizintechnik und in der Motorentechnik eine wichtige Rolle. In der Grundlagenforschung gilt die Fluiddynamik als das letzte ungeklärte Feld der klassischen Physik. Sowohl die angewandte Strömungsforschung als auch die Grundlagenforschung stellen, z. B. bei der Auflösung von von Mikroströmungen, höchste Anforderungen an Orts- und Geschwindigkeitsauflösung der verwendeten Messtechnik.

Die Laser-Doppler-Anemometrie ist ein etabliertes optisches Messverfahren zur Untersuchung von Strömungsfeldern. Sie beruht auf einem Interferenzstreifensystem, das bei der Überlagerung zweier kohärenter, sich unter einem Winkel kreuzender, Laserstrahlen entsteht. Das strömende Fluid wird mit Streuteilchen versetzt, die der Strömung schlupffrei folgen. Wenn ein Teilchen das Interferenzstreifensystem passiert, so ist das Streulicht mit der Dopplerfrequenz moduliert. Die Geschwindigkeit des Streuteilchens ergibt sich als Produkt aus der Dopplerfrequenz und dem Interferenzstreifenabstand. Die Ortsauflösung eines Laser-Doppler-Anemometers (LDA) ist durch die Größe des Messvolumens gegeben (typischerweise $0,1 \times 0,1 \times 1\,\text{mm}^3$). Aufgrund der gekrümmten Wellenfronten der verwendeten Gaußstrahlen weist der Interferenzstreifenabstand eine Variation auf, die sich in der Messunsicherheit der Geschwindigkeit niederschlägt. Die Streifenabstandsvariation wächst mit stärkerer Fokussierung der Laserstrahlen. Orts- und Geschwindigkeitsauflösung verhalten sich also beim konventionellen LDA komplementär zueinander.

Der Laser-Doppler-Profilsensor umgeht diese Limitierung, indem statt eines einzelnen Streifensystems mit nahezu parallelen Streifen zwei Streifensysteme verwendet werden, von denen eines konvergierende und das andere divergierende Streifen hat. Die Bestimmung der Dopplerfrequenzen der zu den beiden Streifensystemen gehörenden Streulichtsignale ermöglicht die Bestimmung der lateralen Geschwindigkeit und der axialen Position des Streuteilchens im Messvolumen. Dies führt zu einer im Vergleich zu einem konventionellen LDA um eine Größenordnung oder mehr erhöhten Orts- und Geschwindigkeitsauflösung. Somit werden Strömungsphänomene zugänglich, die mit konventioneller Laser-Doppler-Anemometrie nicht aufgelöst werden können.

In Rahmen dieser Arbeit wurden auf der Laser-Doppler-Profilsensortechnik beruhende Messsysteme mit hoher Orts- und Geschwindigkeitsauflösung erforscht, entwickelt und angewendet. Die Themen umfassen dabei die Untersuchung einer Erdgasströmung, den Aufbau eines Messsystems für die Strömungsmessung an einem Kühlkreislaufmodell, die Messungen an einer voll entwickelten Kanalströmung und die Entwicklung eines Messsystems, mit dem flächenhafte Geschwindigkeitsfelder von Mikroströmungen erfasst werden können:

- Ein Fokus wissenschaftlicher Forschung in der Energietechnik liegt in der Errichtung eines auf optischer Messtechnik beruhenden Normals für den Volumendurchfluss von Erdgas bei einem Druck von 50 bar. Für die relative Messunsicherheit des Durchflusses wird ein Wert von $< 0,1\,\%$ angestrebt. Die Durchflussbestimmung erfolgt durch Integration über

KAPITEL 7. ZUSAMMENFASSUNG UND AUSBLICK

das Geschwindigkeitsfeld am Austritt einer Düse. Orts- und Geschwindigkeitsauflösung des verwendeten Messsystems schlagen sich direkt in der Genauigkeit der Durchflussbestimmung nieder. Für eine adäquate Auflösung der Scherschicht der Strömung wurde eine erforderte Ortsauflösung $< 100\,\mu m$ spezifiziert. Weitere Anforderungen sind durch Aufbau und Betrieb des Hochdruckgasprüfstandes gegeben. So dürfen aus Explosionsschutzgründen keine elektrischen Geräte in der Messhalle verwendet werden. Aufgrund der Auslegung der Messstrecke ist ein Arbeitsabstand von mindestens $500\,mm$ erforderlich. Außerdem muss die Messung durch ein $40\,mm$ dickes Glasfenster erfolgen.

Nach diesen Vorgaben wurde ein auf Frequenzmultiplex beruhendes Profilsensor-Messsystem mit einer Ortsauflösung von $13\,\mu m$ und einer Geschwindigkeitsauflösung von $6 \cdot 10^{-4}$ entwickelt. Das topfförmige Strömungsprofil wurde hinter einer Austrittsdüse gemessen, und die Messdaten wurden mit der Messung mit einem konventionellen LDA verglichen. Dabei wurde in der Mitte der Strömung mit dem Profilsensor eine um einen Faktor 20 geringere Standardabweichung der Geschwindigkeit gemessen als mit dem konventionellen LDA. Der niedrigste mit dem Profilsensor gemessene Turbulenzgrad der Strömung betrug $7 \cdot 10^{-4}$. Außerdem konnte das Turbulenzprofil in der Grenzschicht genauer bestimmt werden. Der Profilsensor besitzt somit ein hohes Potential für die präzise Durchflussmessung von Hochdruck-Erdgas und die anvisierte Messunsicherheit des Durchflusses von $< 0,1\%$ scheint möglich.

- Die Effizienz und Sicherheit von Kernspaltungsreaktoren und potenziellen Kernfusionsreaktoren hängt stark von der Effizienz des Wärmeübergangs zwischen den heißen Strukturen und dem Kühlfluid ab. Um den konvektiven Wärmetransport zu verbessern, wird die zu kühlende Wand mit Rippenstrukturen versehen, die eine hochturbulente Wandströmung erzeugen. Eine direkte numerische Simulation ist aufgrund der hohen Reynolds-Zahlen (> 50000) der auftretenden Strömungen nicht möglich. Die Messung der Strömung in einem Modellkühlkreislauf erforderte ein Messsystem mit einer Ortsauflösung $< 20\,\mu m$. Mit einem konventionellem LDA ist die benötigte Ortsauflösung nicht erreichbar. Aufgrund des hohen Turbulenzgrades der Strömung war eine hohe Datenrate ($> 50\,Hz$) gefordert, um eine hinreichende Messunsicherheit bei der Bestimmung der Geschwindigkeit und des Turbulenzgrades zu erreichen. Der Zugang zur Strömung war durch ein einzelnes Fenster gegeben. Für den Wärmeübergang ist insbesondere die Strömung in Wandnähe relevant. Daher ist ein Messsystem notwendig, welches wandnahe Messungen ermöglicht.

Für die Messung der Strömung am Kühlkreislaufmodell wurde ein komplettes Profilsensormesssystem entwickelt, welches eine Ortsauflösung von $8\,\mu m$ und eine Geschwindigkeitsauflösung von $4 \cdot 10^{-4}$ hat und Datenraten von über $600\,Hz$ ermöglicht. Bei einer Positionierung der Detektionsoptik in Rückwärtsstreuung konnten aufgrund der von den Laserstrahlen stammenden Wandreflexe nur Datenpunkte mit einer Entfernung von $> 1\,mm$ zur Wand erfasst werden. Untersuchungen zum Erreichen möglichst wandnaher Messungen zeigten die Bedeutung des Aufbaus und der Positionierung der Detektionsoptik. Die Detektionsoptik wurde daher zur Messung in Wandnähe im steilsten Winkel zur Wandnormalen aufgebaut, den das Zugangsfenster ermöglichte (55°). Dadurch konnten Datenpunkte bis zu einer Entfernung von $125\,\mu m$ zur Wand erfasst werden. Somit ist eine Messung bis weit in die Zwischenräume zwischen den Rippen der Höhe $1\,mm$ möglich, die in Zukunft am Rohr des Kühlkreislaufes eingebaut werden. Außerdem genügt das entwickelte System erhöhten Anforderungen an Bedienungsfreundlichkeit und Stabilität. So ist dies der erste entwickelte Profilsensormesskopf, der eine Arretierung der Strahllagen ohne signifikante Dejustage ermöglicht (Dejustage $< 5\,\mu m$ im Kreuzungsbereich der vier Strahlen). Die Lage der Strahlen blieb in einem Labortest über 60 Tage erhalten (Abweichungen $< 10\,\mu m$ im Kreuzungsbereich der Strahlen) und die Lichtleistungen der einzelnen Strahlen zeigte im Verlauf von 4 Tagen Betrieb unter Industriebedingungen nur eine leichte Abnahme ($< 25\,\%$). Das bei der

Entwicklung des Systems gewonnene Know-how lässt sich auch auf den Entwurf zukünftiger Messsysteme übertragen.

- Die voll entwickelte Kanalströmung ist eine der fundamentalen Strömungen der Fluidmechanik, für die zahlreiche numerische Simulationen vorliegen. Mit Profilsensorsystemen wurden Messungen an einer voll entwickelten Kanalströmung durchgeführt. Diese zeigten eine hervorragende Übereinstimmung mit direkten numerischen Simulationen sowohl für die mittlere Geschwindigkeit als auch für die höheren Momente der Geschwindigkeitsverteilung.

- Strömungen mit kleinskaligen Variationen in mehr als einer Ortsdimension treten in vielen Bereichen der angewandten Forschung und Technik auf, z. B. bei Einspritzdüsen, in Mikroanalyselaboren, bei Spaltströmungen, bei Düsen von Tintenstrahldruckern oder bei Mikrodüsen zur Positionierung von Satelliten. In Festplattenspalten tritt z. B. eine Interferenz von Scherschichten auf kleiner Skala auf. Alle genannten Fällen erfordern eine mindestens zweidimensionale Strömungsfeldmessung mit hoher Orts- und Geschwindigkeitsauflösung.

  Um diese Anforderung zu erfüllen, wurde im Rahmen dieser Arbeit der Laser-Doppler-Feldsensor entwickelt. Er entsteht durch Kombination von zwei Laser-Doppler-Profilsensoren und ermöglicht die Erfassung des Strömungsfeldes in zwei Dimensionen und der orthogonalen Geschwindigkeitskomponente. Zur Positionsbestimmung werden vier koinzidente Burstsignale verwendet. Da keine Kamera benutzt wird, ist der Sensor nicht durch Pixelauflösung und das Abbe-Limit begrenzt. Es wurde eine relative Geschwindigkeitsauflösung von 10^{-3} nachgewiesen, was um mehr als eine Größenordnung genauer ist als die Micro Particle Image Velocimetry (μPIV). Außerdem kann die Position entlang des optischen Zugangs aufgelöst werden, was bei μPIV nicht möglich ist. Dies ist insbesondere für die präzise Durchflussmessung und die Messung in Spaltströmungen wichtig. Der Einsatz des Feldsensors wurde durch Strömungsfeldmessungen an einer Einspritzdüse und einem Mikrokanal gezeigt.

Das in dieser Arbeit vorgestellte Besselstrahl-Laser-Doppler-Anemometer benutzt zu Erzeugung des Streifensystems Besselstrahlen anstelle der üblicherweise verwendeten Gaußstrahlen. Dies führt zu einer gegenüber einem konventionellen LDA um einen Faktor 10 gesteigerten Ortsauflösung bei gleicher Messunsicherheit der Geschwindigkeit. Durch seinen kompakten Aufbau eignet es sich als Betriebsmessgerät, wenn eine hohe Ortsauflösung notwendig ist, aber ein gegenüber dem Profilsensor einfacherer Aufbau angestrebt wird.

Eine Hauptleistung dieser Arbeit besteht darin, dass bisher nur an Kalibrierobjekten demonstrierte hohe relative Geschwindigkeitsauflösungen $< 7 \cdot 10^{-4}$ durch Messung an einer Strömung gezeigt wurden. Ebenso wurde ein Beitrag geleistet, die mit dem Profilsensor mögliche Ortsauflösung < 1 μm anhand einer Strömungsmessung zu zeigen.

7.2. Ausblick

Das mögliche Einsatzfeld für Laser-Doppler-Profilsensoren und Laser-Doppler-Feldsensoren ist vielfältig. Daher seien an dieser Stelle nur eine Auswahl an Gebieten genannt, an denen seit Kurzem gearbeitet wird oder in denen die Sensoren in Zukunft Einsatz finden könnten. Im Bereich der Korrelationsanalyse sollten mit dem Profil- und Feldsensor auch kleinskalige Wirbelfluktuationen aufzulösen sein. Mit dem Profilsensor wurden bereits hochpräzise Durchflussmessungen an einem quasi-2d-Mikrokanal demonstriert [Kön10]. Mit einem adäquat aufgebauten Feldsensor sollten solche Messungen auch an 3d-Mikroströmungen möglich sein. Der Feldsensor hat dabei gegenüber μPIV zum einen den Vorteil deutlich geringerer Geschwindigkeitsmessunsicherheiten und zum anderen den Vorteil, dass die Strömung in der Ortskoordinate in Richtung des optischen Zuganges aufgelöst wird. Ein weiteres interessantes Einsatzfeld für Profil- und Feldsensoren ist die Untersuchung von Elektrolytströmungen. Hier ist oft ein relativ großer Arbeitsabstand erforderlich, den µPIV nicht gewährleistet.

Als letztes potenzielles Einsatzfeld sei noch das Gebiet der Turbomaschinen genannt [Tro07]. Um die aerodynamische Bewegung der Schaufeln zu optimieren, ist eine genaue Kenntnis des Strömungsverhaltens in einer Turbomaschine notwendig. In bisherigen Messungen wurde vorrangig das Strömungsfeld zwischen den Schaufeln detailliert untersucht. Von besonderem Interesse ist allerdings auch die Untersuchung der Spaltströmung zwischen Schaufeln und Gehäuse, da diese unmittelbar den Wirkungsgrad der Maschine beeinflusst und auch Erosionen an der Schaufelspitzen verursachen kann. Aufgrund der komplexen Strömungsbedingungen ist die Simulation der Strömung mit hohen Unsicherheiten behaftet. Eine erste Messung mit Stereo-PIV erfasste nur die äußeren 10 % eines 1,7 mm breiten Spaltes und erreichte eine Ortsauflöung von 50 µm [Wer05]. Mittels eines Laser-Doppler-Anemometers konnten etwa 20 % eines 0,95 mm weiten Spaltes an sieben Positionen erfasst werden [McC01]. Für diese Anwendung bietet sich daher großes Potenzial für den Einsatz eines Profilsensormesssystems, da Ortsauflösungen $< 10\,\mu\mathrm{m}$ problemlos erreichbar sind. Außerdem können die in dieser Arbeit gewonnenen Erkenntnisse zu Messung in Wandnähe genutzt werden, um einen größeren Bereich des Spaltes zu erfassen.

Es ist also davon auszugehen, dass Laser-Doppler-Profilsensor und Laser-Doppler-Feldsensor einer Zukunft entgegenblicken, die genauso interessant sein wird wie ihre bisherige Vergangenheit.

Anhang A.

Untersuchungen zum universellen Geschwindigkeitsprofil

A.1. Einleitung

Die voll entwickelte turbulente eindimensionale Kanalströmung[1] ist eine der fundamentalen Strömungsformen der Fluidmechanik. Ein Kanal im fluidmechanischen Sinne ist durch seinen rechteckigen Querschnitt ausgezeichnet. Eine ideale eindimensionale Strömung hätte unendliche Ausmaße in eine Richtung orthogonal zur Hauptströmungsrichtung. Für turbulente Kanalströmungen hat es sich experimentell erwiesen, dass sich ab einem Seitenverhältnis größer als 1:7 ein quasieindimensionales Strömungsverhalten ausbildet [Dea78]. Eine voll entwickelte Strömung zeichnet sich dadurch aus, dass das Strömungsverhalten an einem Querschnitt unabhängig von der Position des Querschnittes entlang der Strömungsrichtung ist. Eine turbulente Strömung benötigt stets eine von Volumendurchsatz und Strömungsgeometrie abhängige Länge entlang dem Kanal, bis sie voll entwickelt ist [Moc96].

Die Koordinate in Strömungsrichtung wird im Folgenden mit x bezeichnet. Die Koordinate y zeigt in Richtung der langen Ausdehnung des rechteckigen Kanalquerschnitts, während z in Richtung der kurzen Ausdehnung zeigt. Eine für die praktische Anwendung und die Parametrisierung der Strömung wichtige Größe ist die Wandschubspannung

$$\tau_W = \mu \frac{dv_x}{dz}, \tag{A.1}$$

die an der Position der Wand ermittelt wird. Aus der Wandschubspannung, der Dichte ρ und der kinematischen Viskosität ν des Fluids werden die Schubspannungsgeschwindigkeit

$$u_\tau = \sqrt{\frac{\tau_W}{\rho}} \tag{A.2}$$

und die viskose Längenskala

$$l_\tau = \frac{\nu}{u_\tau} \tag{A.3}$$

als charakteristische Größen für die Strömung definiert, die für die Normierung der Position und der Geschwindigkeit verwendet werden:

$$v_x^+ = \frac{v_x}{u_\tau}, \tag{A.4}$$

$$z^+ = \frac{z}{l_\tau}. \tag{A.5}$$

---

[1] Für die in diesem Kapitel dargestellten Ergebnisse wurde in dieser Promotion ein wichtiger Beitrag geliefert. Eine umfangreiche Schilderung und Diskussion der Messungen erfolgte in der Doktorarbeit von Katsuaki Shirai [Shi09a]. Daher sind hier nur die wichtigsten Fakten abrissartig zusammengefasst.

Mit Hilfe der Schubspannungsgeschwindigkeit und der halben Kanalhöhe H wird die Reynolds-Zahl Re_τ definiert, die als charakteristischer Skalierparameter für voll entwickelte turbulente Kanalströmungen dient:

$$\text{Re}_\tau = \frac{u_\tau H}{\nu}. \qquad (A.6)$$

Von besonderem Interesse bei der Strömungsmessung sind nicht nur das Profil der mittleren Geschwindigkeit und der Geschwindigkeitsfluktuation, sondern auch die positionsabhängige Schiefe und Wölbung (Kurtosis). Geschwindigkeitsfluktuation, Schiefe und Wölbung basieren auf dem zentralen Moment k-ter Ordnung der gemessenen Geschwindigkeitsverteilung:

$$\mu_k = E((v_x - \bar{v}_k)^k). \qquad (A.7)$$

Hierbei bezeichnet E den Erwartungswert. Die Geschwindigkeitsfluktuation berechnet sich aus dem zweiten Moment:

$$\sigma_{v_x} = \sqrt{\mu_2}. \qquad (A.8)$$

Schiefe und Wölbung sind dimensionslose Größen, wobei die Schiefe aus dem dritten Moment berechnet wird,

$$S_{v_x} = \frac{\mu_3}{\sigma_{v_x}^3}, \qquad (A.9)$$

und die Wölbung aus dem vierten Moment,

$$W_{v_x} = \frac{\mu_4}{\sigma_{v_x}^4}. \qquad (A.10)$$

Die Schiefe gibt die Abweichung von einer symmetrischen Verteilung an, eine Information, die nicht in der Geschwindigkeitsfluktuation (Standardabweichung) enthalten ist. Für einen Wert von Null ist die Verteilung symmetrisch. Die Wölbung ist Maß für die Steilheit einer Verteilung, wobei sie bei einer Gaußverteilung den Wert 3 annimmt. Schiefe und Wölbung erfordern für die genaue Bestimmung eine höhere Anzahl von Datenpunkten als Mittelwert und Standardabweichung [Shi09a]. Schon in den Jahren 1925 bis 1930 erfolgte eine theoretische Beschreibung der voll entwickelten turbulenten eindimensionalen Kanalströmung durch Ludwig Prandtl [Pra25] und Theodore von Kármán [vK30], die das mathematische Modell des auch als „Gesetz der Wand" bezeichneten universellen Geschwindigkeitsprofils entwickelten. Danach zeigt das Geschwindigkeitsprofil in einem Bereich außerhalb der viskosen Grenzschicht ($z^+ > 30$) einen logarithmischen Verlauf:

$$v_x^+ = \frac{1}{\kappa} \ln z^+ + C. \qquad (A.11)$$

Die dimensionslose Konstante $\kappa \approx 0,4$ wird als Kármánkonstante bezeichnet, und C ist eine additive Konstante. Im Bereich der viskosen Grenzschicht ($0 < z^+ < 5$) gibt es laut Modell einen linearen Geschwindigkeitsverlauf:

$$v_x^+ = z^+. \qquad (A.12)$$

Der Gültigkeitsbereich des Modells von Prandtl und Kármán ist bis in die Gegenwart Gegenstand experimenteller Untersuchungen [Zan03b]. Die voll entwickelte turbulente eindimensionale Kanalströmung ist auch Gegenstand zahlreicher numerischer Simulationen. Diese beruhen zum Teil auf RANS, LES oder verwenden andere Modelle, durch die turbulentes Verhalten auf gewissen Skalen approximiert wird. Für die Bestimmung der Turbulenzstatistiken (Geschwindigkeitsfluktuation, Schiefe, Wölbung) sind insbesondere direkte numerische Simulationen relevant, da diese die Strömung ohne das Hinterlegen von Turbulenzmodellen bis zur kleinsten auftretenden Skala

Anhang A. Untersuchungen zum universellen Geschwindigkeitsprofil

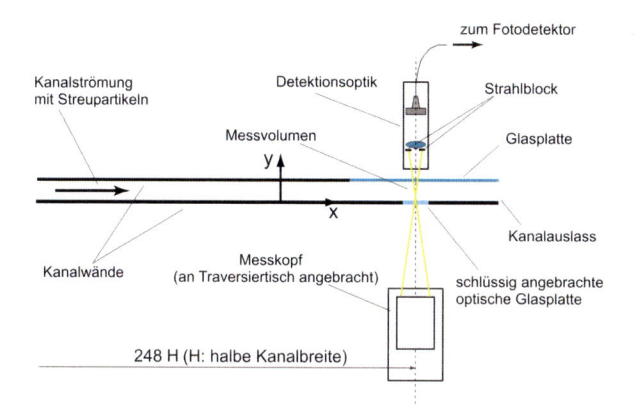

[Figure: Aufbau zur Messung an der Kanalströmung mit Beschriftungen: zum Fotodetektor, Kanalströmung mit Streupartikeln, Detektionsoptik, Strahlblock, Messvolumen, Glasplatte, y, x, Kanalauslass, Kanalwände, Messkopf (an Traversiertisch angebracht), schlüssig angebrachte optische Glasplatte, 248 H (H: halbe Kanalbreite)]

Abbildung A.1.: Aufbau zur Messung an der voll entwickelten turbulenten Kanalströmung. Die Streulichtdetektion ist in Vorwärtsstreuung.

auflösen. Mit DNS wurden turbulente Kanalströmungen bis $Re_\tau = 2320$ [Moi98] simuliert. Die in dieser Arbeit für den Vergleich zwischen Simulation und Messung genutzten DNS-Simulationen stammen von Abe et. al. [Abe01] und Iwamoto et. al. [Iwa02]. In [Moc96] findet sich eine Zusammenfassung über experimentelle Messungen an turbulenten Kanalströmungen. Das Ziel der vorliegenden Messungen ist die Etablierung des Profilsensors für die Messung dieser fundamentalen Strömung, die Auswertung der Turbulenzstatistik und der Vergleich der ermittelten Daten mit der Simulation.

A.2. Experiment und Ergebnisse

Die Messungen an der turbulenten Kanalströmung erfolgten mit einem WDM-Sensor (Wellenlängen 658 nm und 784 nm) mit Gitterstrahlteiler und einem FDM-Sensor, der auf dem AOM-Aufbau wie in Abschnitt 4.3.3 beschriebene basierte, aber einen Messkopf mit einer einzelnen Frontlinse für alle vier Strahlen verwendete. Die am Kalibrierobjekt gezeigte Ortsauflösung des WDM-Sensors betrug 1.5 µm und die des FDM-Sensors 6 µm. Der Windkanal ist in [Zan03b, Zan03a] ausführlich dargestellt und charakterisiert. Das strömende Fluid war Luft bei Raumtemperatur (Schwankungen ±1 K) und als Streupartikel wurden polydisperse DEHS-Teilchen mit einem mittleren Durchmesser von etwa 2 µm bis 3 µm verwendet. Der Kanal hatte Querschnittsmaße von 5 cm × 60 cm. Das Seitenverhältnis beträgt somit 12:1 und die Bedingung für eine quasi-eindimensionale Strömung ist daher erfüllt. Der Aufbau ist in Abb. A.1 gezeigt.

Die Messung fand in einem Abstand von 6,2 m vom Einlass des Kanals statt. Der Profilsensor wurde orthogonal zur Hauptströmungsrichtung aufgebaut. Parallel zur Profilsensormessung wurde der Druck an mehreren Punkten entlang der Strömungsrichtung des Kanals mittels Druckwandlern erfasst. Der lineare Druckabfall, und damit das Vorhandensein eines voll entwickelten Profils, waren ab 2,5 m Entfernung vom Kanaleinlass gewährleistet. Mit Hilfe der Druckmessungen wurden die Werte für die Wandschubspannung τ_W und die Schubspannungsgeschwindigkeit u_τ bestimmt, welche mit einer Unsicherheit von etwa $3-4\%$ bzw. $2-3\%$ behaftet waren. Diese Unsicherheiten setzten sich für die Bestimmung der Reynoldszahlen fort. Mit dem FDM-Profilsensor erfolgten Messungen bei $Re_\tau = 1100$ und mit dem WDM-Profilsensor bei $Re_\tau = 420$ und $Re_\tau = 780$. Abbildungen A.2(a) bis A.2(d) zeigen die Ergebnisse der Messung im Vergleich mit den direkten numerischen Simulationen von Abe et. al. [Abe01] und Iwamoto et. al. [Iwa02]. Für die Slotmittelung wurden je nach Messkopf und auszuwertendem statistischen Moment Breiten zwischen 30 µm und 160 µm gewählt, wodurch eine Datenpunktzahl zwischen 400 Punkten und 1700 Punkten pro Slot erreicht wurde. Die verwendeten Slotbreiten erreichen bei Weitem noch nicht die Ortsauflösung der verwendeten Profilsensoren. Um hier das Potenzial der Sensoren voll auszuschöpfen, muss die Datenpunktzahl um mindestens einen Faktor 20 gesteigert werden. Dies kann durch eine höhere Streuteilchendichte oder eine Verlängerung der Messdauer erreicht werden. Als Fehlerbalken wurde für die Mittengeschwindigkeit ein Vertrauensintervall von 95 % und für die Turbulenzstatistiken die einfache Standardabweichung gewählt. Aus den Punkten $y^+ < 10$ wurde die Wandschubspannung mittels der in [Cen98] beschriebenen Methode ermittelt und mit den aus der Druckmessung gewonnenen Werten verglichen. Für $\text{Re}_\tau = 420$ waren die Werte in hervorragender Übereinstimmung, während sich für die anderen beiden Messbedingungen leichte Abweichungen ergaben, die vermutlich von statistischen Effekten bei der Mittelung herrühren, die sich nicht durch Korrektur der Geschwindigkeitsverzerrung allein korrigieren lassen (siehe Abschnitt 2.6). Der Punkt mit der kleinsten Distanz zur Fensteroberfläche hatte einen Abstand von 72 µm. Die Messungen sind in guter Übereinstimmung mit den Simulationen. Da die Messung der höheren Momente größere Anforderungen an Messaufbau und Auswertung stellen, ist insbesondere hier der im Bereich von $z^+ = 0$ bis $z^+ = 30$ hervorragend übereinstimmende Verlauf hervorzuheben. Somit wurde der Profilsensor erfolgreich für die Messung der voll entwickelten Kanalströmung qualifiziert.

ANHANG A. UNTERSUCHUNGEN ZUM UNIVERSELLEN GESCHWINDIGKEITSPROFIL

(a) Mittlere Geschwindigkeit.

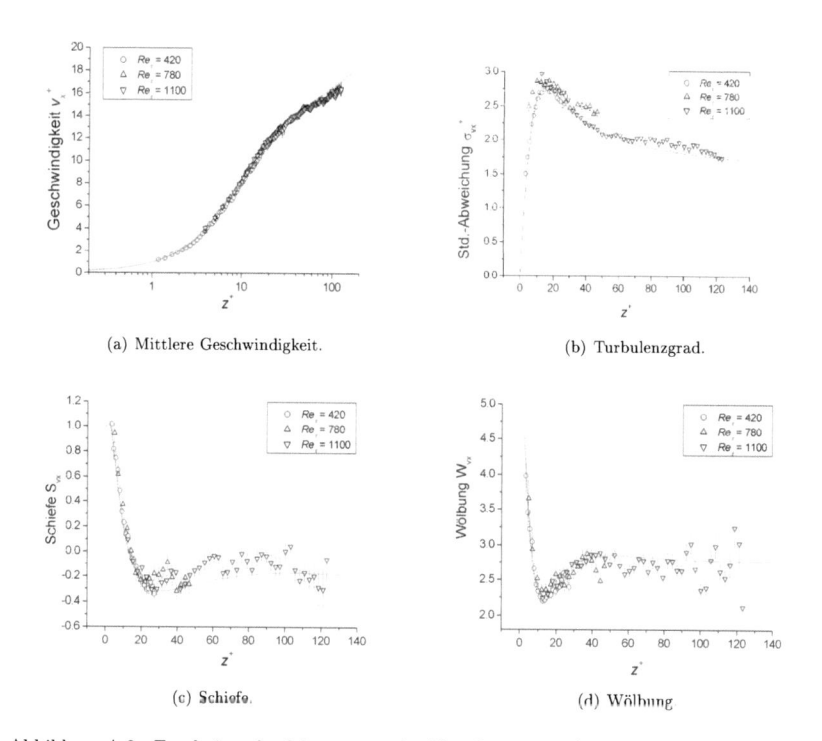

(b) Turbulenzgrad.

(c) Schiefe.

(d) Wölbung.

Abbildung A.2.: Ergebnisse der Messung an der Kanalströmung (Mittlere Geschwindigkeit und Turbulenzstatistik) und Vergleich mit Ergebnissen von DNS-Simulationen. --: $\text{Re}_\tau = 400$[Iwa02]; $-\cdot-$: $\text{Re}_\tau = 640$[Abe01]; —: $\text{Re}_\tau = 640$[Iwa02].

Anhang B.
Weitere Untersuchungen zur Messtechnik

B.1. Zeitmultiplex-Profilsensor mit Sub-Mikrometerauflösung

Zur hochpräzisen Strömungsprofilmessung an einem quasi-eindimensionalem Mikrokanal (gemessener Querschnitt: $159{,}5 \pm 5\,\mu m \times 107 \pm 1\,\mu m$) wurde ein auf Zeitmultiplex (TDM) basierender Gitter-Profilsensor aufgebaut, der in Bezug auf eine möglichst hohe Steigung der Kalibrierfunktion und möglichst geringe optische Aberrationen optimiert war[1] [Kön10]. Dafür wurde zur Strahlkollimierung nach dem Austritt des Lichts aus der Faser ein Kollimationsobjektiv, das ein Linsentriplett verwendet, eingesetzt. Die Steigung der Ortskalibrierfunktion hatte einen hohen Wert von ca. $0{,}95\,\text{mm}^{-1}$. Für die Realisierung des Multiplex-Verfahrens konnte der AOM-Aufbau (Abschnitt 4.3.3) eingesetzt werden, wobei die Steuerspannungen der AOM-Treiber zum Ein- und Ausschalten des jeweiligen Streifensystems angesteuert wurden. Die $10\,\% - 90\,\%$-Schaltzeit liegt bei $84\,\text{ns}$. Bei einem um eine halbe Periode versetzen An- und Ausschalten der beiden Streifensysteme mit einer Frequenz von $250\,\text{kHz}$ (Periode $4\,\mu s$) tritt somit kein Übersprechen auf. Die Bandbreite des Detektors betrug $5\,\text{MHz}$. Die Abtastrate bei der AD-Wandlung lag bei $500\,\text{kHz}$, wobei die ungeraden Abtastpunkte zum Burst des ersten Streifensystems und die geraden zum Burst des zweiten Streifensystems gehörten. Durch seinen Aufbau verfügt der Sensor über die in Tabelle 2.1 genannten Vor- und Nachteile.

Bei der Messung im Mikrokanal überdeckte das Messvolumen des Profilsensors die volle schmale Seite des Mikrokanals. Der Mikrokanal hatte von beiden Seiten einen optischen Zugang, so dass in Vorwärtsstreuung gemessen werden konnte. Als strömendes Fluid wurde destilliertes Wasser

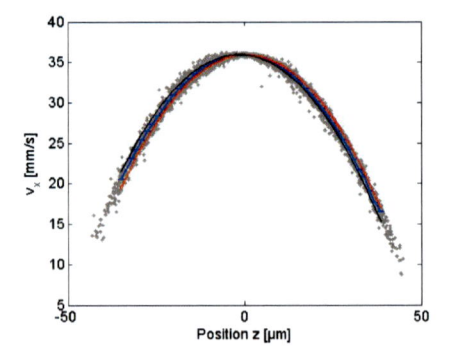

Abbildung B.1.: Strömungsprofilmessung an einem Mikrokanal (aus [Kön10]).

---

[1]Die hier beschriebenen Arbeiten werden nur kurz behandelt, da der Autor hier nur unterstützende Arbeit geleistet hat. Der Hauptprojektverantwortliche ist Jörg König.

verwendet, das durch den Druck einer Wassersäule gepumpt wurde. Aufgrund des hohen Seitenverhältnisses von 15:1 und der niedrigen Reynolds-Zahl von $Re \approx 3,5$ kann ein laminares Poiseuille-Geschwindigkeitsprofil [Whi05, Kön10] erwartet werden. Abbildung B.1 zeigt die gemessenen Rohdaten, bei denen jeder Punkt einem validierten Burstsignal entspricht, und den Fit nach dem theoretischen Parabelmodell. Die Geschwindigkeitsauflösung des Sensors in der Strömung ist durch die Streuung der Geschwindigkeitswerte ($\pm 1\sigma_{v_z}$) bestimmt. Sie wurde im Scheitel des Profils ermittelt und beträgt $0{,}18\,\%$. Die mittlere Positionsstreuung der Messwerte um die Fitfunktion ist ein Maß für die an der Strömung erreichte Ortsauflösung des Sensors. Sie betrug $\sigma_z = 960\,\mathrm{nm}$. Um die Ortsauflösung des Sensors zu verdeutlichen, ist in Abb. B.1 jeweils eine in positiver und eine in negativer Richtung um σ_y verschobene Parabel eingezeichnet. Diese Messung wies erstmalig nach, dass die hohe Ortsauflösung des Profilsensors, die bisher nur an Kalibrierobjekten gezeigt worden war, auch bei Strömungsmessungen erreicht wird.

B.2. Das Besselstrahl-Laser-Doppler-Anemometer

Während Gaußstrahlen ein Divergenzverhalten aufweisen, das von der Stärke der Fokussierung abhängt, propagieren Bessel-Strahlen theoretisch divergenzfrei [Sal91, Sin03]. Bessel-Strahlen zeigen ein inneres Maximum, das konzentrisch von Ringen umgeben ist (siehe Abb. B.2(a)). Die Beziehung zwischen Wellenvektor(**k**)-Raum und örtlicher Lokalisierung einer Lichtwelle ist durch Fourieroptik bedingt. Der theoretische Besselstrahl hat eine ebene Wellenfront und damit exakt einen **k**-Vektor. Daher ist die rms-Breite des theoretischen Besselstrahls unendlich.

Das Ziel beim Aufbau des Besselstrahl-LDAs[2] war, ein einfaches, robustes LDA mit möglichst geringem Einfluss der Wellenfrontkrümmung zu erhalten [Voi09a]. Die Idee beruht auf der Kombination der quasi-Divergenzfreiheit eines Besselstrahls mit einem Algorithmus, mit dem ausschließlich Teilchen selektiert werden, die den durch das Interferenzgebiet der inneren Strahlmaxima vorgegebenen Bereich passieren (siehe Abb. B.2(b)). Dadurch erfolgt eine örtliche Lokalisierung auf einen scharfen Bereich bei gleichzeitiger geringer Streifenabstandsvariation. Die bei der Verwendung von Gaußstrahlen gegebene Komplementarität von Orts- und Geschwindigkeitsauflösung (Abschnitt 2.1) kann somit umgangen werden.

(a) Intensitätsverteilung.

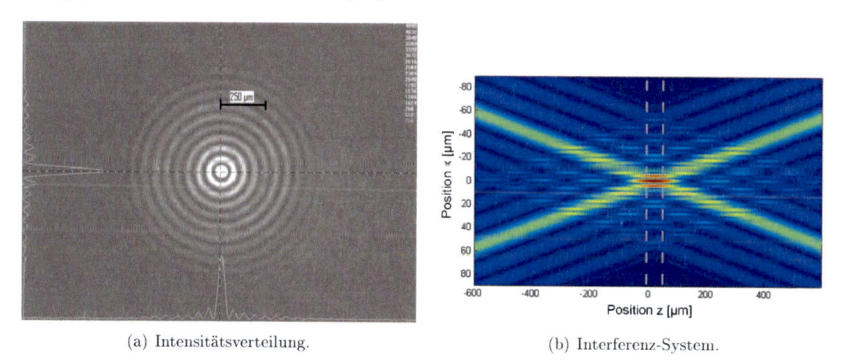

(b) Interferenz-System.

Abbildung B.2.: Mit einer CCD-Kamera gemessene Intensitätsverteilung des Besselstrahls und Simulation des durch Überlagerung zweier Besselstrahlen entstehenden Interferenzstreifensystems. Die Ausmessungen der Besselstrahlen sind skalentreu. Die Skala der Streifensysteme wurde aus Gründen der Darstellbarkeit vergrößert. Die grau gestrichelten Linien markieren den Bereich, in dem Teilchen selektiert validiert werden.

---

[2]Dieser Abschnitt folgt der Darstellung in [Voi09a].

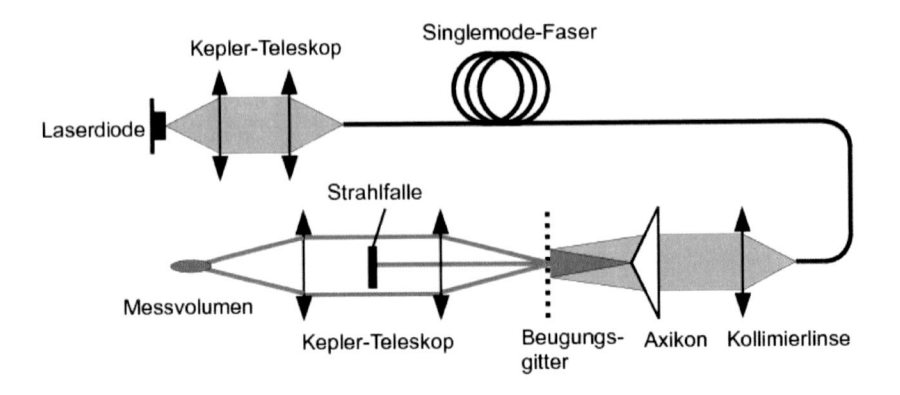

Abbildung B.3.: Aufbau des Besselstrahl-Laser-Doppler-Anemometers.

B.2.1. Aufbau

Das aufgebaute Besselstrahl-LDA (siehe Abb. B.3) verwendet eine Laserdiode mit 50 mW Leistung bei der Wellenlänge 658 nm. Das Licht wird durch eine Singlemode-Faser geleitet, die als transversaler Modenfilter dient. Der aus der Faser austretende Strahl wird kollimiert und trifft dann auf eine konische Linse (Axikon), die zur experimentellen Realisierung eines Besselstrahls dient. Mittels eines Beugungsgitters und eines Kepler-Teleskops wird dann das Messvolumen mit den kreuzenden Strahlen erzeugt, welches einen Streifenabstand von 2,29 µm hat. Die Divergenz des zentralen Maximums des Besselstrahls ist um einen Faktor 200 geringer als bei einem Gaußstrahl mit gleicher rms-Breite. Die Signalauswertung erfolgt im Zeitbereich. Zur Validierung werden Formparameter verwendet, die die Ausprägung des Hauptmaximums der Bursteinhüllenden charakterisieren. Dadurch wird gewährleistet, dass das Teilchen tatsächlich im Interferenzbereich der inneren Maxima des Besselstrahls das Messvolumen passiert. Die genaue Definition der Formparameter und die Implementierung der Validierung ist in [Hei08] ausführlich beschrieben. Am Kalibrierobjekt ergab sich eine Länge des Messvolumens von ca. 40 µm, wobei das Messvolumen in die Höhenrichtung auf < 10 µm beschränkt war. Die verbleibende Streifenabstandsvariation über diesen Bereich betrug 0,3 %. Ein LDA mit Gaußstrahlen hätte bei gleichem Kreuzungswinkel und gleicher Wellenlänge bei einer Streifenabstandsvariation von 0,3 % eine Messvolumenlänge von 500 µm.

B.2.2. Strömungsmessung zur Verifikation der hohen Orts- und Geschwindigkeitsauflösung

Die hohe Geschwindigkeits- und Ortsauflösung des Besselstrahl-LDAs wurde durch Strömungsmessungen verifiziert. Um den Effekt der niedrigen Streifenabstandsvariation zu zeigen, wurde eine quasi-homogene niedrigturbulente Düsenströmung verwendet, die von der hauseigenen Druckluftversorgung getrieben wurde. Die Düsenform war durch eine interne Honigwabenstruktur, große Krümmungsradien der Kanten (ca. 10 mm) und ein hohes Kontraktionsverhältnis von 42 für die Dämpfung von Turbulenzen optimiert. Die Messung der Strömung mit dem Besselstrahl-LDA fand in einem Abstand von 3 mm zum Düsenaustritt statt. Es wurde eine relative Standardabweichung der Geschwindigkeit von 0,2 % ermittelt (siehe Abb. B.4), was in guter Übereinstimmung mit dem in der Kalibrierung bestimmten Wert von 0,3 % ist.

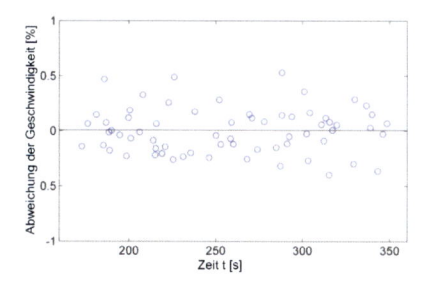

Abbildung B.4.: Zeitserie von Teilchengeschwindigkeiten.

(a) Aufbau
(b) Ortsauflösung

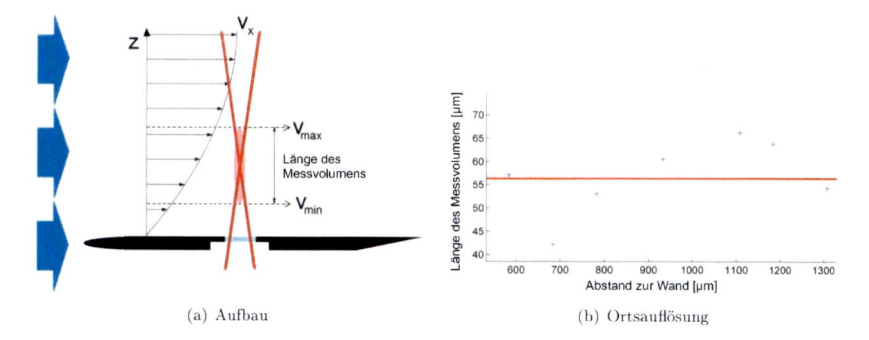

Abbildung B.5.: Aufbau der Messung am Blasius-Profil und die damit ermittelte Ortsauflösung für verschiedene Positionen in der Blasius-Grenzschicht.

Um die hohe Ortsauflösung des Besselstrahl-LDA in der Strömung zu zeigen, wurde eine niedrigturbulente Grenzschichtströmung (Blasius-Profil) verwendet. Die Messvolumenlänge kann im Bereich eines linearen Geschwindigkeitsabfalls über den Geschwindigkeitsgradienten dv_x/dz abgeschätzt werden:

$$\Delta z \leq \frac{\Delta v_x}{dv_x/dz}, \qquad (B.1)$$

wobei Δv_x der maximale Spitze-Spitze-Wert der an einer Position gemessenen Geschwindigkeitsfluktuation ist. Abbildung B.5(a) zeigt den experimentellen Aufbau. Der Strömung wurde durch einen Windkanal nach Göttinger Bauart mit einem Düsendurchmesser von 200 mm und einem Kontraktionsverhältnis von 25:1 erzeugt. Die Turbulenz im Strömungsinneren war $< 0{,}6\,\%$. Eine Aluminium-Platte wurde in das Strömungszentrum in einem Abstand von 50 mm zur Düse eingefügt. Die Düsenkante war in Form einer Superellipse mit Exponent 3 geformt, um eine niedrigturbulente Grenzschicht zu erzeugen [Nar94]. Der optische Zugang erfolgte durch ein schlüssig eingebautes Borosilikatfenster. Die Messposition war in einem Abstand von 80 mm zur vorderen Plattenkante. Die Reynolds-Zahl betrug $6 \cdot 10^4$ und war damit eine Größenordnung kleiner als die kritische Reynolds-Zahl, die den Umschlag vom laminaren ins turbulente Verhalten charakterisiert. Es wurde bis zu einem Abstand von ca. 550 µm zur Wand gemessen. Für niedrigere Abstände verhinderte die geringe Teilchendichte die praktische Messung. Für jede Messposition des Besselstrahl-LDA wurde die Geschwindigkeit von 200 validierten Burstsignalen ausgewertet. Abbildung B.5(b) zeigt die mittels (B.1) ausgewertete Ortsauflösung. Der durch Mittelung bestimmte Wert für die Ortsauflösung von 57 µm±6 µm ist in guter Übereinstimmung mit dem am Kalibrierobjekt ermittelten Wert von 40 µm.

Somit eignet sich das Besselstrahl-LDA als Betriebsmessgerät mit einem ähnlich einfachen Aufbau wie ein konventionelles LDA, aber mit einer deutlich niedrigeren Messunsicherheit.

Anhang C.

Justage der Strahllage und Taillenposition

Zur Auskopplung des Laserlichts aus den polarisationserhaltenden Singlemode-Fasern der einzelnen Module des Messkopfs (siehe Abb. 4.6) werden die Laserstrahlkoppler 60SMS-1-4-A18 von Schäfter und Kirchhoff benutzt. Sie verwenden eine Asphäre der Brennweite von 18,4 mm, deren Position über einen Exzenterschlüssel justiert werden kann, um die Taille des Strahls zu verschieben. Zur Arretierung dienen zwei kleine Querschrauben. Der näherungsweise kollimierte Strahl passiert dann zwei baugleiche Keilprismen (Keilwinkel $\xi = 1°$) in Risley-Anordnung [Sch06b]. Anschließend folgt eine feste sphärische Frontlinse der Brennweite 500 mm, welche zur Fokussierung des Strahls dient.

Die Risley-Prismen stellen eine präzise und praktisch zu handhabende Möglichkeit zur Steuerung des Strahlwinkels und damit zur Überlagerung der Strahlen im Messvolumen dar. Am Messkopfmodul sind zwei Verstellringe mit zugehöriger Arretiervorrichtung. Der erste Verstellring dreht das vordere Prisma, was zu einer Bewegung des Durchstoßpunktes des Strahls mit einer zur Messkopfachse orthogonalen Ebene auf einer Kreisbahn führt, durch die ein Radius r vorgegeben wird. Der zweite Verstellring dreht beide Prismen synchron. Dies führt zu einer Bewegung auf einer Kreisbahn mit dem vorher eingestellten Radius r, siehe Abb. C.1. Mit Hilfe einer Kamera, die in der Ebene platziert wird, wo das Messvolumen entstehen soll, ist damit eine Überlagerung der Strahlen auf $< 10\,\mu m$ möglich.

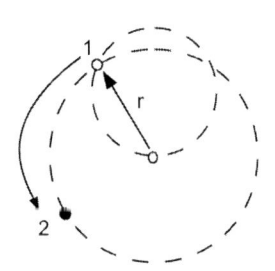

Abbildung C.1.: Steuerung der Laserstrahlen mit Risley-Prismen.

Anhang D.

Fehlerfortpflanzung bei einem Zwei-Parameter-Fit

Dieser Anhang beschreibt die Unsicherheit, mit der Fitparameter a_1 und a_2 bei einem Fit behaftet sind, der durch n Punkte (x_k, y_k) verläuft. Die Punkte repräsentieren dabei Mittelwerte y_k von Messwerten an der Position x_k. Die Standardabweichung der Verteilung der n_k Messwerte an der Position x_k wird mit σ_{y_k} bezeichnet. Die Standardabweichung des Mittelwertes $\sigma_{\bar{y}_k} = \sigma_{y_k}/\sqrt{n_k}$ ist ein Maß für die Verlässlichkeit des Mittelwertes y_k. Die Fitfunktion wird als $f(\mathbf{a}, x)$ bezeichnet, wobei

$$\mathbf{a} = \begin{pmatrix} a_1 \\ a_2 \end{pmatrix} \tag{D.1}$$

der Vektor der beiden reellen Fitparameter ist. Bei der Regression werden die Parameterwerte a_1^*, a_2^* ermittelt, bei denen die Summe der Abweichungsquadrate minimal ist:

$$\sum_k (f(\mathbf{a}, x_k) - y_k)^2 = min. \tag{D.2}$$

Die Funktions- und Messwerte $f(\mathbf{a}, r_k)$ und y_k lassen sich in vektorieller Form schreiben:

$$\mathbf{f}(\mathbf{a}) = \begin{pmatrix} f(\mathbf{a}, x_1) \\ \vdots \\ f(\mathbf{a}, x_n) \end{pmatrix}, \tag{D.3}$$

$$\mathbf{y} = \begin{pmatrix} y_1 \\ \vdots \\ y_n \end{pmatrix}. \tag{D.4}$$

Damit ergibt sich durch Differentiation die folgende Bedingung:

$$(\mathbf{f}(\mathbf{a}) - \mathbf{y})^2 = min \Rightarrow \begin{cases} \left.\frac{\partial \mathbf{f}}{\partial a_1}\right|_\mathbf{a} (\mathbf{f}(\mathbf{a}) - \mathbf{y}) = 0, \\ \left.\frac{\partial \mathbf{f}}{\partial a_2}\right|_\mathbf{a} (\mathbf{f}(\mathbf{a}) - \mathbf{y}) = 0. \end{cases} \tag{D.5}$$

Wir definieren

$$\mathbf{y}^* = \mathbf{f}(\mathbf{a}^*). \tag{D.6}$$

In linearer Näherung

$$\mathbf{y} = \mathbf{y}^* + \Delta \mathbf{y}, \tag{D.7}$$

$$\mathbf{a} = \mathbf{a}^* + \Delta \mathbf{a}, \tag{D.8}$$

$$\mathbf{f}(\mathbf{a}) = \mathbf{f}(\mathbf{a}^*) + \left.\frac{\partial \mathbf{f}}{\partial a_1}\right|_{a^*} \Delta a_1 + \left.\frac{\partial \mathbf{f}}{\partial a_2}\right|_{a^*} \Delta a_2 \tag{D.9}$$

berechnen wir nun die Änderung $\Delta \mathbf{a}$ der Fitparameter, die eine Änderung $\Delta \mathbf{y}$ der y_k-Werte hervorruft. Mit D.5 ergibt sich damit

$$\left.\frac{\partial \mathbf{f}}{\partial a_1}\right|_{\mathbf{a}^*+\Delta \mathbf{a}} \left(\left.\frac{\partial \mathbf{f}}{\partial a_1}\right|_{\mathbf{a}^*} \Delta a_1 + \left.\frac{\partial \mathbf{f}}{\partial a_2}\right|_{\mathbf{a}^*} \Delta a_2 - \Delta \mathbf{y}\right) = 0, \tag{D.10}$$

$$\left.\frac{\partial \mathbf{f}}{\partial a_2}\right|_{\mathbf{a}^*+\Delta \mathbf{a}} \left(\left.\frac{\partial \mathbf{f}}{\partial a_1}\right|_{\mathbf{a}^*} \Delta a_1 + \left.\frac{\partial \mathbf{f}}{\partial a_2}\right|_{\mathbf{a}^*} \Delta a_2 - \Delta \mathbf{y}\right) = 0. \tag{D.11}$$

Bei den ersten Termen kann in linearer Näherung $\mathbf{a}^* + \Delta \mathbf{a} \approx \mathbf{a}^*$ gesetzt werden. Damit ergibt sich in Matrix-Form:

$$\begin{pmatrix} \frac{\partial \mathbf{f}}{\partial a_1} \cdot \frac{\partial \mathbf{f}}{\partial a_1} & \frac{\partial \mathbf{f}}{\partial a_1} \cdot \frac{\partial \mathbf{f}}{\partial a_2} \\ \frac{\partial \mathbf{f}}{\partial a_1} \cdot \frac{\partial \mathbf{f}}{\partial a_2} & \frac{\partial \mathbf{f}}{\partial a_2} \cdot \frac{\partial \mathbf{f}}{\partial a_2} \end{pmatrix} \begin{pmatrix} \Delta a_1 \\ \Delta a_2 \end{pmatrix} = \begin{pmatrix} \frac{\partial \mathbf{f}}{\partial a_1} \cdot \Delta \mathbf{y} \\ \frac{\partial \mathbf{f}}{\partial a_1} \cdot \Delta \mathbf{y} \end{pmatrix}, \tag{D.12}$$

wobei die Ableitungen jeweils an der Stelle $\mathbf{a}^*$ gelten. Eine 2×2-Matrix lässt sich wie folgt invertieren:

$$A = \begin{pmatrix} a & b \\ c & d \end{pmatrix} \Rightarrow A^{-1} = \frac{1}{ad-bd} \begin{pmatrix} d & -b \\ -c & a \end{pmatrix}. \tag{D.13}$$

Damit ergibt sich

$$\Delta a_1 = \mathbf{F_1} \cdot \Delta \mathbf{y} = \sum_k F_1^i \Delta y_k, \tag{D.14}$$

$$\Delta a_2 = \mathbf{F_2} \cdot \Delta \mathbf{y} = \sum_k F_2^i \Delta y_k, \tag{D.15}$$

wobei

$$\mathbf{F_1} = \frac{(\frac{\partial \mathbf{f}}{\partial a_2} \cdot \frac{\partial \mathbf{f}}{\partial a_2})\frac{\partial \mathbf{f}}{\partial a_1} - (\frac{\partial \mathbf{f}}{\partial a_1} \cdot \frac{\partial \mathbf{f}}{\partial a_2})\frac{\partial \mathbf{f}}{\partial a_2}}{(\frac{\partial \mathbf{f}}{\partial a_1} \cdot \frac{\partial \mathbf{f}}{\partial a_1})(\frac{\partial \mathbf{f}}{\partial a_2} \cdot \frac{\partial \mathbf{f}}{\partial a_2}) - (\frac{\partial \mathbf{f}}{\partial a_1} \cdot \frac{\partial \mathbf{f}}{\partial a_2})^2}, \tag{D.16}$$

$$\mathbf{F_2} = \frac{(\frac{\partial \mathbf{f}}{\partial a_1} \cdot \frac{\partial \mathbf{f}}{\partial a_1})\frac{\partial \mathbf{f}}{\partial a_2} - (\frac{\partial \mathbf{f}}{\partial a_2} \cdot \frac{\partial \mathbf{f}}{\partial a_1})\frac{\partial \mathbf{f}}{\partial a_1}}{(\frac{\partial \mathbf{f}}{\partial a_2} \cdot \frac{\partial \mathbf{f}}{\partial a_2})(\frac{\partial \mathbf{f}}{\partial a_1} \cdot \frac{\partial \mathbf{f}}{\partial a_1}) - (\frac{\partial \mathbf{f}}{\partial a_2} \cdot \frac{\partial \mathbf{f}}{\partial a_1})^2}. \tag{D.17}$$

Wichtungsfunktionen sind, die angeben, wie stark eine Änderung des Wertes y_k sich auf den Fitparameter a_1 bzw. a_2 auswirkt. Durch den zentralen Grenzwertsatz kann davon ausgegangen werden, dass die Mittelwerte der Messwerte näherungsweise einer Normalverteilung folgen. Damit sind Formeln D.14 und D.15 Summen über normalverteilte Größen. Die Vorfaktoren F_1^k bzw. F_2^k bewirken dabei eine Verbreiterung der entsprechenden Normalverteilung um diesen Faktor. Die Summenverteilung von unabhängigen Normalverteilungen ist eine Normalverteilung, deren Varianz gleich der Summe der Varianzen der einzelnen Verteilungen ist [Bro08]. Damit ergibt sich für die Messunsicherheit von a_1 und a_2:

$$\sigma_{a_1} = \sqrt{\sum_k (F_1^k \sigma_{\bar{y_k}})^2}, \tag{D.18}$$

$$\sigma_{a_2} = \sqrt{\sum_k (F_2^k \sigma_{\bar{y_k}})^2}. \tag{D.19}$$

Die beschriebene Methode kann verwendet werden, um die zufällige Messabweichung des Durchflusses zu bestimmen, wenn dieser aus einer mittels Regression angepassten Fitfunktion berechnet wird, siehe Abschnitt 4.6.3. Wenn der Beitrag eines der Fitparameters weitaus größer ist als der des zweiten, können der Beitrag des zweiten Fitparameters sowie der Kovarianzbeitrag der beiden Parameter vernachlässigt werden.

Anhang E.

Untersuchung des Glasfensters des Erdgas-Prüfstands

Die Profilsensormessung am Hochdruck-Erdgas-Prüfstand *pigsar* erfolgte durch eine 4 cm dicke Glasscheibe aus Borosilikatglas (Brechungsindex $\approx 1,5$). Abbildung E.1(a) zeigt ein Foto der Glasscheibe. Sie ist leicht konisch mit einem Durchmesser von 94 mm auf der Vorderseite und einem Durchmesser von 90 mm auf der Rückseite. Zu Testzwecken stand ein separates baugleiches Fenster zur Verfügung. Aufgrund der nicht höchsten Anforderungen entsprechenden optischen Qualität ergaben sich folgende negative Auswirkungen beim Durchtritt der Strahlen durch das Fenster:

- *Linseneffekt.* Der Durchtritt durch das Fenster verursacht aufgrund der Unebenheit der Oberfläche und der eventuell vorhandenen Dichteschwankungen im Fensterinneren linsenartige Ablenkungen der Strahlen und Verzerrungen der Strahlform.

- *Polarisationsänderung.* Die linear polarisierten Strahlen werden beim Durchtritt durch das Fenster in einen anderen Polarisationszustand versetzt. Dieser Effekt deutet auf Doppelbrechung im Glas hin, was auf Verspannungen des Glases zurückgeführt werden kann. Die Änderung des Polarisationszustandes ist dabei unsystematisch und hängt in starker und empfindlicher Weise vom Durchtrittspunkt durch das Fenster ab. Eine Korrektur des Effektes ist daher nicht möglich.

- *Leistungsverlust beim Durchtritt der Strahlen durch das Fenster.*

Der Leistungsverlust wurde mittels eines Leistungsmessgeräts gemessen. Beim Durchtritt verliert ein Strahl zusätzlich zu den auf Fresnel-Reflexen beruhenden 8 % Reflexionsverlusten etwa 10 % seiner Leistung durch Absorption und Streuung. Die Strahlen im Glas können auch bei kleiner Leistung mit dem Auge wahrgenommen werden, was auf starke Streueffekte hindeutet. Der Leistungsverlust ist im Vergleich zu den anderen genannten Effekten weniger relevant, da er nur zu einer leichten Verschlechterung der Signalqualität der Streulichtsignale führt.

Der Linseneffekt wurde mit Hilfe einer CCD-Kamera (Auflösung 4,4 μm) genauer untersucht. Zunächst wurden dabei die durch die Scheibe transmittierten Strahlen in verschiedenen Abständen des Messkopfs von der Scheibe untersucht (Aufbau siehe Abb. E.1(b)). Die Beobachtungsposition der CCD-Kamera lag einige mm vor dem Kreuzungspunkt der Strahlen. Die Beobachtungen zeigten, dass die Sendestrahlen in Abhängigkeit von der Entfernung des Glasfensters Ablenkungen und Verzerrungen aufweisen (siehe Abbildungen E.2(a) bis E.2(f)). Diese Verzerrungen deuten auf eine Nichtplanarität der Glasplatte oder Dichteschwankungen im Inneren hin. Um dieses Phänomen näher zu untersuchen wurden Deflektometriemessungen in Transmission und Reflexion vorgenommen. Die Transmissionsmessungen dienen dem Zweck, die für den Aufbau entscheidenden Auswirkungen auf Strahlverlauf und -form detailliert zu untersuchen, um eine Aussage machen zu können, unter welchen Bedingungen eine störungsfreie Messung möglich ist. Die Reflexionsmessungen wurden exemplarisch für eine Seite der Glasscheibe vorgenommen. Damit lassen sich Aussagen über die Oberflächenkrümmung der Glasscheibe erhalten.

Anhang E. Untersuchung des Glasfensters des Erdgas-Prüfstands

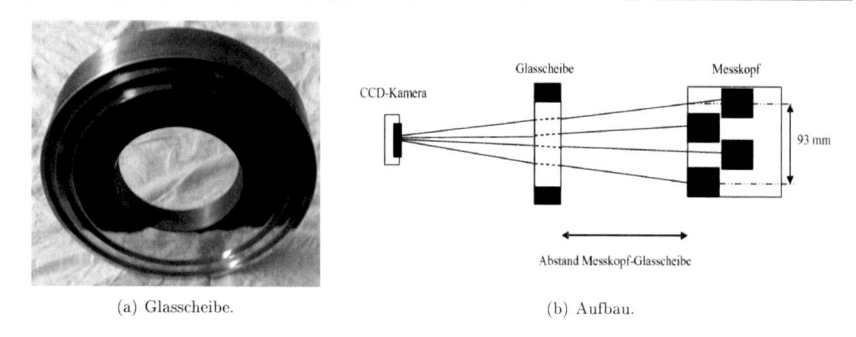

(a) Glasscheibe.

(b) Aufbau.

Abbildung E.1.: Die Glasscheibe des *pigsar*-Prüfstandes und der Aufbau zur Beobachtung der transmittierten Strahlen mittels CCD-Kamera.

Abbildung E.3(a) stellt den Aufbau zur Transmissionsmessung durch die Glasplatte dar. Vom Messkopf wurde ein Einzelstrahl in 21 cm Entfernung durch die Glasscheibe gestrahlt und dann in einer weiteren Entfernung von 33 cm (entsprechend der Position der Strahltaille) mit einer CCD-Analysekamera beobachtet. Die Position der Glasscheibe wurde orthogonal zur Strahlrichtung automatisiert in Schritten von 500 µm durchgefahren. Dabei wurden x- und y-Position des Strahls auf der Kamera sowie die $1/e^2$-Breite des Strahls in x- und y-Richtung bestimmt. Die Messung wurde entlang zweier orthogonal aufeinander stehender Durchmesser der Glasscheibe durchgeführt. Da beide Messungen sehr ähnliche Ergebnisse lieferten, sind hier nur die Ergebnisse der Messung entlang einer Achse dargestellt (siehe Abbildungen E.4(a) bis E.4(f)). Abbildung E.3(b) stellt den Aufbau zur Deflektometriemessung in Reflexion dar. Vom Messkopf wurde ein Einzelstrahl in 15 cm Entfernung im 45°-Winkel an die Frontseite der Glasscheibe gelenkt und dann in Reflexion in einer weiteren Entfernung von 42 cm (entspricht der Position der Strahltaille) mit der CCD-Analysekamera beobachtet. Die Position der Glasscheibe wurde im 45°-Winkel zu den beiden Strahlachsen automatisiert in Schritten von 500 µm durchgefahren. Dabei wurden wieder x- und y-Position des Strahls auf der Kamera sowie die Breite des Strahls in x- und y-Richtung bestimmt. Die Messergebnisse sind in den Abbildungen E.5(a) bis E.5(f) dargestellt.

Aus der Transmissionsmessung lässt sich der Bereich abschätzen, innerhalb dessen keine maßgebliche Strahlablenkung stattfindet. Als Richtwert für die maximale Ablenkung in x-Richtung wurde hierfür 1/4 der Strahlbreite angesetzt. Ebenso wurde in y-Richtung ein Maximalwert von 1/4 der Strahlbreite verwendet. Abbildung E.6 zeigt die zentrierten Messkurven mit den entsprechenden Grenzen. Aus den Grenzwerten lässt sich der Bereich des Fensters bestimmen, innerhalb dessen mit tolerablen Verzerrungen gemessen werden kann. Dieser liegt im Bereich von ca. $-25\,\text{mm}$ bis $+25\,\text{mm}$, entspricht also einem inneren Kreis mit Durchmesser 5 cm. Innerhalb dieses Bereichs liegt die Strahlverzerrung in x-Richtung bei ca. 12 %, die Strahlverzerrung in y-Richtung ist vernachlässigbar. Diesem „erlaubten" Bereich entspricht ein Abstand des Messkopfs zur Glasplatte von mindestens 26 cm. Dies deckt sich mit der Beobachtung, dass bei einem Abstand von etwa 25 cm Verzerrungen erstmalig mit dem Auge sichtbar werden (Abb. E.2(d)).

Aus den Reflexionsmessungen lässt sich das Höhenprofil der Glasoberfläche errechnen, welches in Abb. E.7 dargestellt ist. Dazu wurden über die gemessenen Winkel die Höhenunterschiede pro Messposition berechnet und diese dann aufsummiert:

$$h_k = \sum_{i=1}^{k} \Delta z \cdot \tan(\theta_i). \tag{E.1}$$

(a) Ohne Glasfenster.

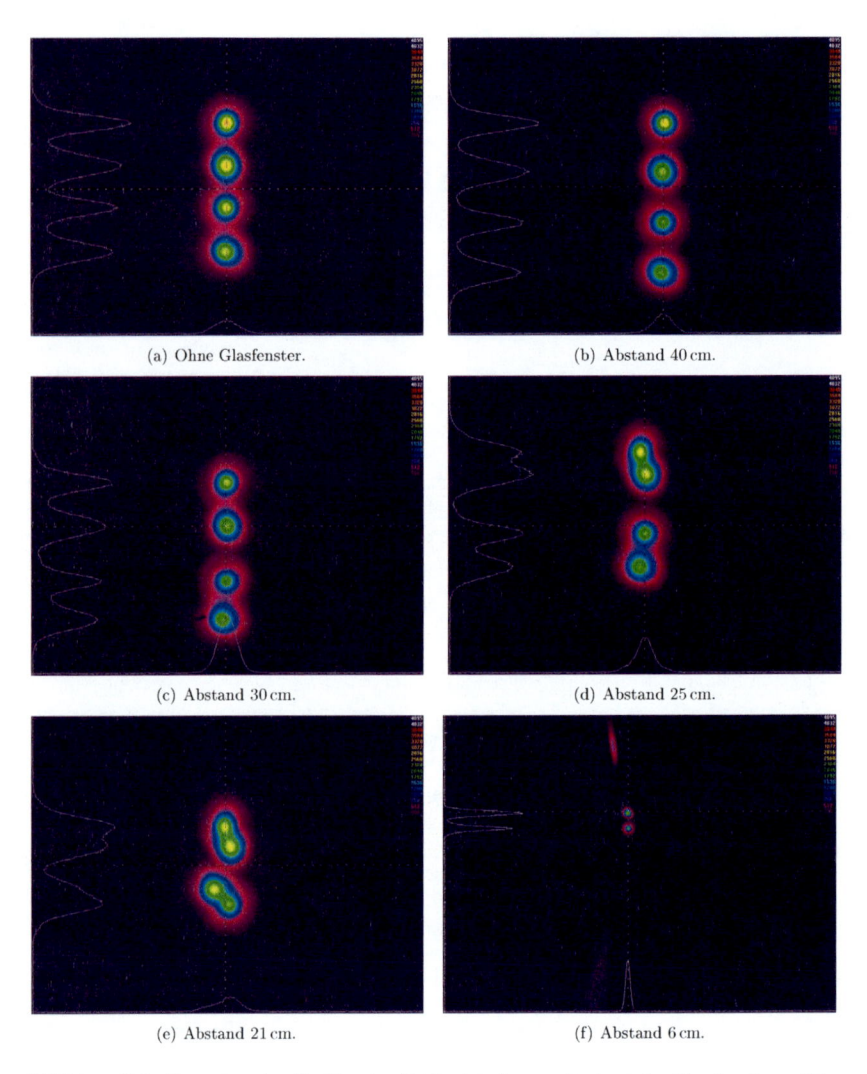

(b) Abstand 40 cm.

(c) Abstand 30 cm.

(d) Abstand 25 cm.

(e) Abstand 21 cm.

(f) Abstand 6 cm.

Abbildung E.2.: Form der vier Strahlen in Abhängigkeit vom Abstand des Messkopfs zur Glasscheibe. Da bei Abb. E.2(f) extreme Strahlablenkungen auftraten, wurde hier ein größerer Bildausschnitt gewählt als in den anderen Abbildungen.

ANHANG E. UNTERSUCHUNG DES GLASFENSTERS DES ERDGAS-PRÜFSTANDS 105

(a) Transmissionsanordnung.

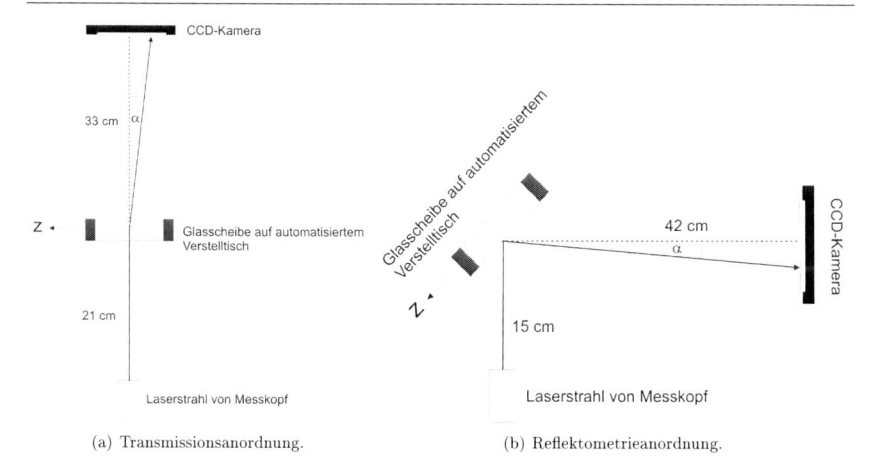

(b) Reflektometrieanordnung.

Abbildung E.3.: Aufbau zur Deflektometriemessung in Transmissions- und Reflexionsanordnung. Mit der CCD-Kamera werden Position und Form der Strahlen gemessen.

Dabei ist $\Delta z = 500\,\mu$m der Abstand der Messpunkte auf der Glasscheibe, h_k die Profilhöhe an der Messposition k und θ_i der Winkel an der Messposition i. Der Gesamthöhenunterschied liegt im Bereich von etwa 30 µm. Die Krümmung des Oberflächenprofils entspricht qualitativ dem bei der Transmissionsmesssung (Abb. E.4(c)) beobachteten Ablenkverhalten.

Um den Einfluss der Scheibe auf das Messverhalten des Sensors weiter zu untersuchen, wurde der Messkopf für drei unterschiedliche Bedingungen kalibriert:

- ohne Scheibe,
- mit Scheibe im Abstand von 26 cm zum Messkopf,
- mit Scheibe und verkipptem Messkopf. Der Messkopf war so aufgebaut, dass der äußerste Strahl parallel zur Scheibenflächennormalen verlief. Dieser Aufbau ist relevant für zukünftige Konfigurationen, wenn eine Messung an *pigsar* nah an der Düsenöffnung geplant ist (siehe Abschnitt 4.9).

Der Verlauf der Kalibrierfunktion verändert sich nur minimal. Die mittlere Steigung der Kalibrierfunktion $q(z)$ beträgt ohne Scheibe 0,042 mm^{-1}, mit der Scheibe orthogonal zur Messkopfachse 0,043 mm^{-1} und in der gekippten Anordnung 0,039 mm^{-1}. Dies führt zu einer geringfügigen Änderung der Ortsauflösung um 10 %. Ein systematische Messabweichung ergibt sich nicht, da die Kalibrierbedingungen so gewählt werden können, dass sie den Messbedingungen entsprechen. Für eine Optimierung der Messunsicherheit sollte die Justage des Messkopfes mit der Glasscheibe in der beabsichtigen Messposition erfolgen.

(a) Position, x-Richtung.

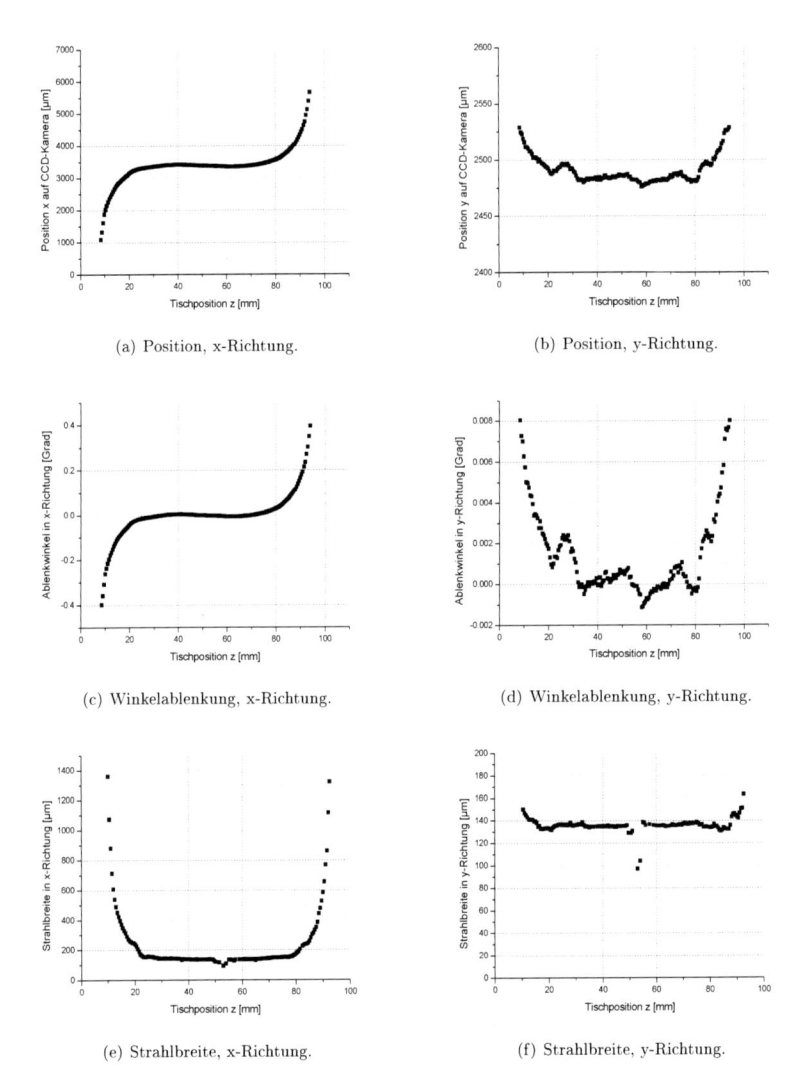

(b) Position, y-Richtung.

(c) Winkelablenkung, x-Richtung.

(d) Winkelablenkung, y-Richtung.

(e) Strahlbreite, x-Richtung.

(f) Strahlbreite, y-Richtung.

Abbildung E.4.: Ergebnisse der Deflektometriemessung in Transmissionsanordnung.

(a) Position, x-Richtung.

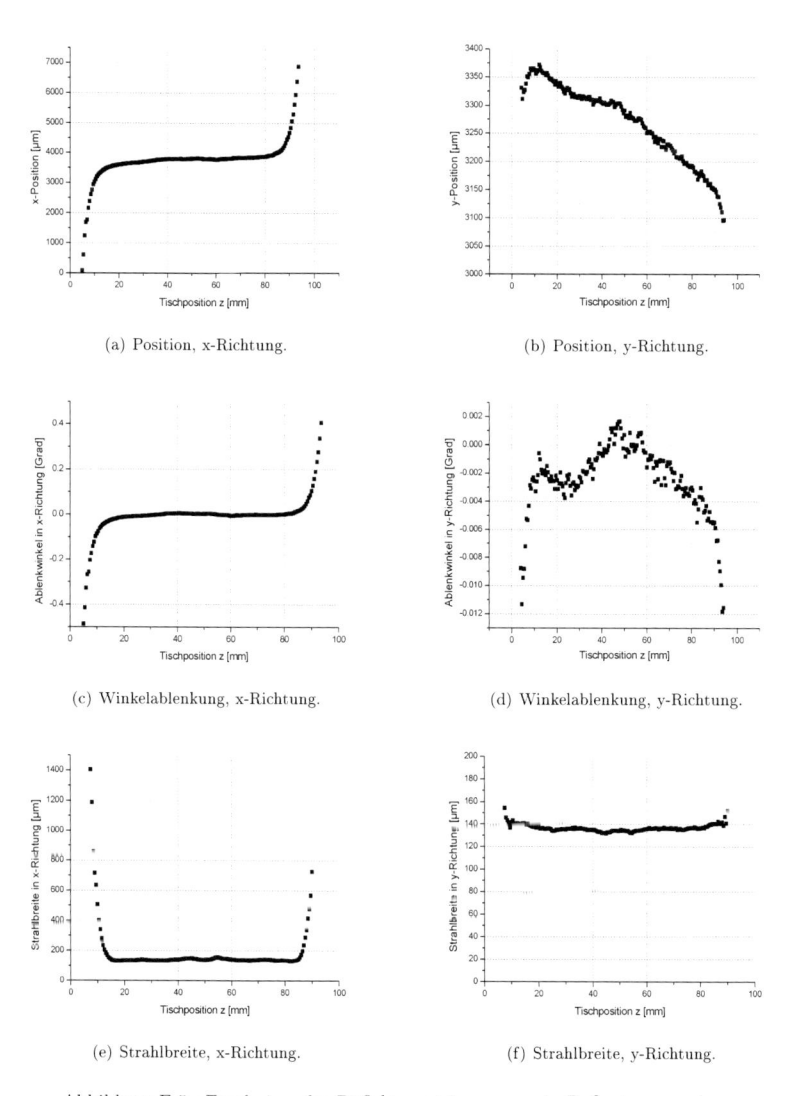

(b) Position, y-Richtung.

(c) Winkelablenkung, x-Richtung.

(d) Winkelablenkung, y-Richtung.

(e) Strahlbreite, x-Richtung.

(f) Strahlbreite, y-Richtung.

Abbildung E.5.: Ergebnisse der Deflektometriemessung in Reflexionsanordnung.

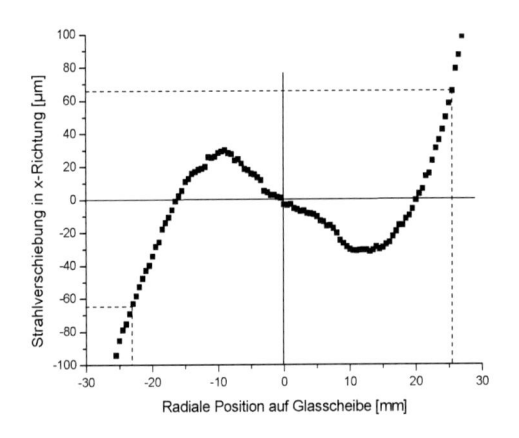

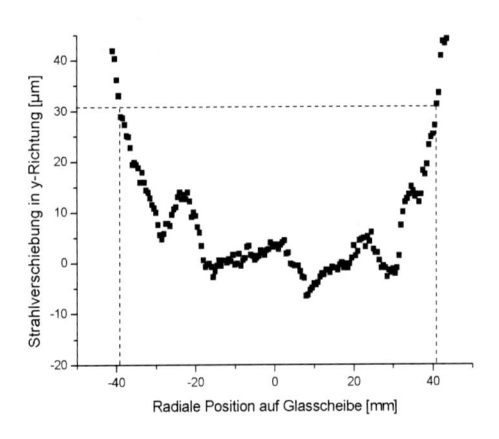

Abbildung E.6.: Grenzen der tolerablen Ablenkung der Strahlen.

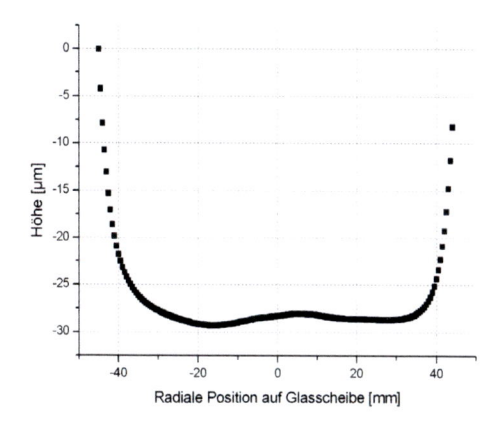

Abbildung E.7.: Höhenprofil der Glasoberfläche.

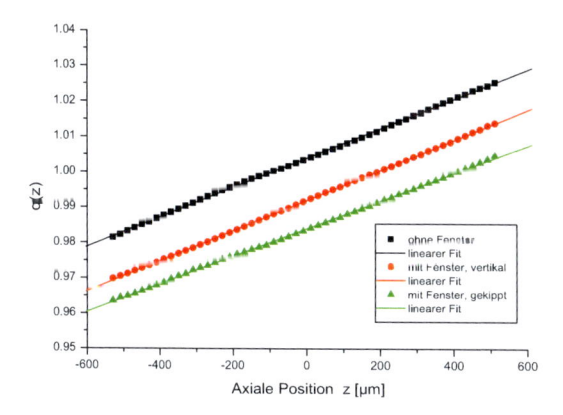

Abbildung E.8.: Kalibrierfunktionen des FDM-Messkopfs. Dargestellt sind die Kurven für Kalibrierung a) ohne Fenster b) mit Fenster c) mit Fenster und verkipptem Messkopf.

Literaturverzeichnis

[Abe01] H. ABE, H. KAWAMURA und Y. MATSUO: *Direct numerical simulation of a fully developed turbulent channel flow with respect to the Reynolds number dependence*, Trans. ASME J. Fluids Eng., 123:382–393, 2001.

[Adr84] R. J. ADRIAN: *Scattering particle characteristics and their effect on pulsed laser measurements of fluid flow*, Appl. Opt., 23:1690–1691, 1984.

[Adr96] R. J. ADRIAN: *Fluid Mechanics Measurements, 2. Auflage*, Kapitel Laser velocimetry, S. 155–244, Tayler & Francis, 1996.

[Adr97] R. J. ADRIAN: *Dynamic ranges of velocity and spatial resolution of particle image velocimetry*, Meas. Sci. Technol., 8:1393:1398, 1997.

[Adr05] R. J. ADRIAN: *Twenty years of particle image velocimetry*, Exp. Fluids, 39:159–169, 2005.

[Alb03] H.-E. ALBRECHT, M. BORYS, N. DAMASCHKE und C. TROPEA: *Laser Doppler and Phase Doppler Measurement Techniques*, Springer Berlin, 2003.

[Ang06] K. P. ANGELE, Y. SUZUKI, J. MIWA und N. KASAGI: *Development of a high-speed scanning micro PIV system using a rotating disc*, Meas. Sci. Technol., 17:1639–1646, 2006.

[Bal02] P. BALL: *Turbulence whips up rainstorms*, Nature, published online 12 September, 2002.

[Bay07] C. BAYER, A. VOIGT, K. SHIRAI, L. BÜTTNER und J. CZARSKE: *Interferometrischer Laser-Doppler-Feldsensor zur Messung der Geschwindigkeitsverteilung von komplexen Strömungen*, Tech. Mess., 74:224–234, 2007.

[Bay08] C. BAYER, K. SHIRAI, L. BÜTTNER und J. CZARSKE: *Measurement of acceleration and multiple velocity components using a laser Doppler velocity profile sensor*, Meas. Sci. Technol., 19:055401 (11pp), 2008.

[Ben03] R. BENZI: *Getting a grip on turbulence*, Science, 301:605–606, 2003.

[Bir06] R. B. BIRD, W. E. STEWART und E. N. LIGHTFOOT: *Fundamentals of Heat and Mass Transfer, 6. Auflage*, John Wiley & Sons, 2006.

[Bla08] H. BLASIUS: *Grenzschichten in Flüssigkeiten mit kleiner Reibung*, Z. Math. Phys., 56:1–37, 1908.

[Boh98] C. F. BOHREN und D. R. HUFFMAN: *Absorption and Scattering of Light by Small Particles*, John Wiley & Sons, 1998.

[Bou06] M. BOURGOIN, N. T. OUELLETTE, H. XU, J. BERG und E. BODENSCHATZ: *The role of pair dispersion in turbulent flow*, Science, 311:835–838, 2006.

[Bow99] E. B. BOWLES: *Natural gas flow measurement in the 21st century*, Pipeline & Gas Journal, 226:16–21, 1999.

[Bre07] M. BREDE, M. WITTE, G. DEHNHARDT und A. LEDER: *Experimentelle Untersuchung* biologischer Mikroströmungen mittels Stereo-μPIV, in 15. Fachtagung „Lasermethoden in der Strömungsmesstechnik", S. 53.1–53.8, GALA, Rostock, 2007.

[Bro08] I. N. BRONSTEIN, K. A. SEMENDJAJEW, G. MUSIOL und H. MUEHLIG: *Taschenbuch der Mathematik, 7. Auflage*, Deutsch (Harri), 2008.

[Bru95] H. G. BRUUN: *Hot-Wire Anemometry: Principles and Signal Analysis*, Oxford University Press, USA, 1995.

[Bud94] R. BUDWIG: *Refractive index matching methods for liquid flow investigations*, Exp. Fluids, 17:350–355, 1994.

[Bus04] F. H. BUSSE: *Visualizing the dynamics of the onset of turbulence*, Science, 305:1574–1575, 2004.

[Büt03a] L. BÜTTNER und J. CZARSKE: *Passive directional discrimination in laser-Doppler anemometry by the two-wavelength quadrature homodyne technique*, Appl. Opt., 42:3843–3852, 2003.

[Büt03b] L. BÜTTNER und J. CZARSKE: *Spatial resolving laser Doppler velocity profile sensor using slightly tilted fringe systems and phase evaluation*, Meas. Sci. Technol., 14:2111–210, 2003.

[Büt04] L. BÜTTNER: *Untersuchung neuartiger Laser-Doppler-Verfahren zur hochauflösenden Geschwindigkeitsmessung*, Dissertation, Universität Hannover, 2004.

[Büt05] L. BÜTTNER, J. CZARSKE und H. KNUPPERTZ: *Laser-Doppler velocity profile sensor with submicrometer spatial resolution that employs fiber optics and a diffractive lens*, Appl. Opt., 44:2274–2280, 2005.

[Büt06a] L. BÜTTNER und J. CZARSKE: *Determination of the axial velocity component by a laser Doppler velocity profile sensor*, J. Opt. Soc. Am. A, 23:444–454, 2006.

[Büt06b] L. BÜTTNER, T. PFISTER und J. CZARSKE: *Fiber-optic laser Doppler turbine tip clearance probe*, Opt. Lett., 31:1217–1219, 2006.

[Büt08] L. BÜTTNER, C. BAYER, A. VOIGT, J. CZARSKE, H. MUELLER, N. PAPE und V. STRUNCK: *Precise flow rate measurements of natural gas under high pressure with a laser Doppler velocity profile sensor*, Exp. Fluids, 45:1103–1115, 2008.

[Car06] J. CARDY: *Turbulence: The power of two dimensions*, Nature Physics, 2:67–68, 2006.

[Cen98] A. CENEDESE, G. P. ROMANO und R. A. ANTONIA: *A comment on the "linear" law of the wall for fully developed turbulent channel flow*, Exp. Fluids, 25:165–170, 1998.

[Che03] H. CHEN, S. KANDASAMY, S. ORSZAG, R. SHOCK, S. SUCCI und V. YAKHOT: *Extended Boltzmann kinetic equation for turbulent flows*, Science, 301:633–636, 2003.

[Cor01] M. L. CORRADINI und D. P. SCHMIDT: *The internal flow of diesel fuel injector nozzles: a review*, Int. J. Engine Res., 2:1–22, 2001.

[Cra99] H. CRAMER: *Mathematical methods of statistics, reprint of the 1946 original*, Princeton University Press, 1999.

[Cza96] J. CZARSKE: *Method for analysis of the fundamental measuring uncertainty of laser Doppler velocimeters*, Opt. Lett., 21:522–524, 1996.

[Cza98] J. CZARSKE und O. DÖLLE: *Quadrature demodulation technique used in laser Doppler velocimetry*, Electron. Lett., 34:547–549, 1998.

[Cza00] J. CZARSKE: *Statistischer Fehler der Mittenfrequenzmessung am Beispiel von Laser-*

Doppler-Signalen, Tech. Mess., 67:111–120, 2000.

[Cza01] J. CZARSKE: *Statistical frequency measuring error of the quadrature demodulation technique for noisy singe-tone pulse signals*, Meas. Sci. Technol., 12:597–614, 2001.

[Cza02] J. CZARSKE, L. BÜTTNER, T. RAZIK und H. MÜLLER: *Boundary layer velocity measurements by a laser Doppler profile sensor with micrometre spatial resolution*, Meas. Sci. Technol., 13:1979–1989, 2002.

[Cza06] J. CZARSKE: *Laser Doppler velocimetry using powerful solid-state light sources*, Meas. Sci. Technol., 17:R71–R91, 2006.

[Dea78] R. B. DEAN: *Reynolds number dependence of skin friction and other bulk flow variables in two-dimensional rectangular duct flow*, Trans. ASME J. Fluids Eng., 100:215–223, 1978.

[Dem06] S. O. DEMOKRITOV, V. E. DEMIDOV, O. DZYAPKO, G. A. MELKOV, A. A. SERGA, B. HILLEBRANDS und A. N. SLAVIN: *Bose-Einstein condensation of quasi-equilibrium magnons at room temperature under pumping*, Nature, 443:430–433, 2006.

[Dop94] D. DOPHEIDE, V. STRUNCK und E.-A. KREY: *Three-component Laser Doppler anemometer for gas flowrate measurements up to 5500* m^3, Metrologia, 30:453–469, 1993/1994.

[Dry29] H. L. DRYDEN und A. M. KUETHE: *The measurement of fluctuations of air speed by the hot-wire anemometer, NACA-report-320*, Technischer Bericht, National Advisory Committee for Aeronautics, 1929.

[Du00] Y. DU und G. E. KARNIADAKIS: *Suppressing wall turbulence by means of a transverse traveling wave*, Science, 288:1230–1234, 2000.

[Egg07] J. EGGERS: *Fluid dynamics: Coupling the large and the small*, Nature Physics, 3:145–146, 2007.

[Eic04] J. EICHLER, L. DÜNKEL und B. EPPICH: *Die Strahlqualität von Lasern - Wie bestimmt man Beugungsmaßzahl und Strahldurchmesser in der Praxis?*, Laser Tech. J., 1:63–66, 2004.

[Ell99] G. S. ELLIOTT und T. J. BEUTNER: *Molecular filter based planar Doppler velocimetry*, Prog. Aerosp. Sci., 35:799–845, 1999.

[Fer07] J. H. FERZIGER und M. PERIC: *Numerische Strömungsmechanik*, Springer, Berlin, 2007.

[Fin96] L. M. FINGERSON und P. FREYMUTH: *Fluid Mechanics Measurements, 2. Auflage*, Kapitel Thermal anemometers, S. 99–154, Tayler & Francis, 1996.

[Fis09] A. FISCHER: *Beiträge zur Doppler-Global-Velozimetrie mit Laserfrequenzmodulation - Präzise Messung von Geschwindigkeitsfeldern in turbulenten Strömungen mit hoher Zeitauflösung*, Dissertation, Technische Universität Dresden, 2009.

[Gen97] C. P. GENDRICH, M. M. KOOCHESFAHANI und D. G. NOCERA: *Molecular tagging velocimetry and other novel applications of a new phosphorescent supramolecule*, Exp. Fluids, 23:361–372, 1997.

[Gün08] P. GÜNTHER, T. PFISTER, L. BÜTTNER und J. CZARSKE: *Abstands- und Formvermessung schnell bewegter Festkörperoberflächen mit dem optischen Doppler-Effekt*, Tech. Mess., 75:237–244, 2008.

[Gün09] P. GÜNTHER, T. PFISTER, L. BÜTTNER und J. CZARSKE: *Laser Doppler distance*

	sensor using phase evaluation, Opt. Express, 17:2611–2622, 2009.
[Hei08]	S. HEITKAM: *Aufbau und Charakterisierung eines Besselstrahl-Laser-Doppler-Anemometers*, Belegarbeit (unveröffentlicht), Technische Universität Dresden, 2008.
[Her08]	W. HERING, F. ARBEITER, A. BOLOGA, A. JIANU und J. ZHUANG: *Investigation of heat transfer for gas cooled systems*, in Internat. Congress on Advances in Nuclear Power Plants (ICAPP '08), Anaheim, CD, USA, 2008.
[Hof06]	B. HOF, J. WESTERWEEL, T. M. SCHNEIDER und B. ECKHARDT: *Finite lifetime of turbulence in shear flows*, Nature, 443:59–62, 2006.
[Huc05]	W.-H. HUCHO (Hg.): *Aerdynamik des Automobils: Strömungsmechanik, Wärmetechnik, Fahrdynamik, Komfort*, 5. Auflage, Vieweg+Teubner, 2005.
[Iwa02]	K. IWAMOTO, Y. SUZUKI und N. KASAGI: *Reynolds number effect on wall turbulence: toward effective feedback control*, Int. J. Heat and Fluid Flow, 23:678–689, 2002.
[Jac95]	A. M. JACOBI und R. K. SHAH: *Heat transfer surface enhancement through the use of longitudinal vortices: A review of recent progress*, Exp. Therm. Fluid Sci., 11:295:309, 1995.
[Jør96]	F. E. JØRGENSEN: *The computer-controlled constant-temperature anemometer. Aspects of set-up, probe calibration, data acquisition and data conversion*, Meas. Sci. Technol., 7:1378–1387, 1996.
[Kat09]	K. KATIJA und J. O. DABIRI: *A viscosity-enhanced mechanism for biogenic ocean mixing*, Nature, 460:624–626, 2009.
[Kie03]	H. KIEFER: *Windlasten an quaderförmigen Gebäuden in bebauten Gebieten*, Dissertation, Universität Fridericiana zu Karlsruhe (TH), 2003.
[Kiv00]	D. KIVOTIDES, C. F. BARENGHI und D. C. SAMUELS: *Triple vortex ring structure in superfluid helium II*, Science, 290:777–779, 2000.
[Käh06]	C. J. KÄHLER, U. SCHOLZ und J. ORTMANNS: *Wall-shear-stress and near-wall turbulence measurements up to single pixel resolution by means of long-distance micro-PIV*, Exp. Fluids, 41:327–341, 2006.
[Kön07]	J. KÖNIG: *Entwicklung und Charakterisierung eines hochempfindlichen Photodetektors zur Messung von kleinen Lichtleistungen*, Studienarbeit (unveröffentlicht), Technische Universität Dresden, 2007.
[Kön10]	J. KÖNIG, A. VOIGT, L. BÜTTNER und J. CZARSKE: *Precise micro flow rate measurements by a laser Doppler velocity profile sensor with time division multiplexing*, Meas. Sci. Technol., 21:074005 (9pp), 2010.
[Lar00]	R. G. LARSO: *Fluid dynamics: Turbulence without inertia*, Nature, 405:27–28, 2000.
[Law01]	T. LAWSON: *Building Aerdynamics (Architecture)*, World Scientific Pub Co, 2001.
[Lin06]	R. LINDKEN, J. WESTERWEEL und B. WIENKE: *Stereoscopic micro particle image velocimetry*, Exp. Fluids, 41:161–171, 2006.
[Lo02]	Y.-L. LO und C.-H. CHUANG: *Fluid velocity measurement in a microchannel performed with two new optical heterodyne microscopes*, Appl. Opt., 41:6666–6675, 2002.
[Lu01]	J. LU, B.MICKAN, W. SHU, N. KURIHARA und D. DOPHEIDE: *Research on the LDA calibration facility uncertainty, internal report*, Technischer Bericht, Physikalisch-Technische Bundesanstalt (PTB) Braunschweig, 2001.

[Lum72]   J. L. LUMLEY und H. TENNEKES: *A First Course in Turbulence*, MIT Press, 1972.

[Lur08]   M. V. LURIE: *Modeling of Oil Product and Gas Pipeline Transportation*, Wiley-VCH, 2008.

[Löf05]   J. O. LÖFKEN: *Das letzte rätselhafte Feld der klassischen Physik*, Financial Times Deutschland vom 30.05., 2005.

[May06]   C. F. MAYER und R. S. MARQUARDT: *Schiffstechnik und Schiffbautechnologie, 2. Auflage*, Seehaven Verlag, Hamburg, 2006.

[McC01]   A. A. MCCARTER, X. XIAO und B. LAKSHMINARAYANA: *Tip Clearance Effects in a Turbine Rotor: Part II - Velocity Field and Flow Physics*, J. Turbomach., 123:305–313, 2001.

[Mei99]   C. D. MEINHART, S. T. WERELEY und J. G. SANTIAGO: *PIV measurements of a microchannel flow*, Exp. Fluids, 27:414–419, 1999.

[Mei00]   C. D. MEINHART und H. ZHANG: *The flow structure inside a microfabricated inkjet printhead*, J. Microelectromech. Syst., 9:67–75, 2000.

[Mes06]   D. MESCHEDE: *Gerthsen Physik, 23., überarbeitete Auflage*, Springer Berlin, 2006.

[Mey91]   J. F. MEYERS und H. KOMINE: *Doppler Global Velocimetry - A new way to look at velocity*, in *4th International Conference on Laser Anemometry, Advances and Applications*, ASME, Cleveland, Ohio, 1991.

[Mic65]   A. MICHALKE: *On spatially growing disturbances in an inviscid shear layer*, J. Fluid Mech., 23:521–524, 1965.

[Mie05]   A. F. MIELKE, R. G. SEASHOLTZ, K. A. ELAM und J. PANDA: *Time-average measurement of velocity, density, temperature, and turbulence velocity fluctuations using Rayleigh and Mie scattering*, Exp. Fluids, 39:441–454, 2005.

[Mie09]   A. F. MIELKE und K. A. ELAM: *Dynamic measurement of temperature, velocity, and density in hot jets using Rayleigh scattering*, Exp. Fluids, 47:673–688, 2009.

[Mil96a] P. C. MILES: *Geometry of the fringe field formed in the intersection of two Gaussian beams*, Appl. Opt., 35:5887–5895, 1996.

[Mil96b] R. W. MILLER: *Flow Measurement Engineering Handbook*, Irwin/McGraw Hill, 1996.

[Moc96]   S. MOCHIZUKI und F. T. M. NIEUWSTADT: *Reynolds-number-dependence of the maximum in the streamwise velocity fluctuations in wall turbulence*, Exp. Fluids, 21:218–226, 1996.

[Moi98]   P. MOIN und K. MAHESH: *Direct numerical simulation: A tool in turbulence research*, Annu. Rev. Fluid. Mech, 30:539–578, 1998.

[Moo65]   G. E. MOORE: *Cramming more components onto integrated circuits*, Electronics Magazine, Volume 38, Number 8, 1965.

[Mül01]   H. MÜLLER, R. KRAMER, V. STRUNCK, B. MICKAN und D. DOPHEIDE: *Laser-Doppler-Anemometer zur Darstellung und Weitergabe der Einheit Strömungsgeschwindigkeit*, in *9. Fachtagung „Lasermethoden in der Strömungsmesstechnik"*, S. 24.1–24.8, GALA, Winterthur, Schweiz, 2001.

[Mül04]   H. MÜLLER, V. STRUNCK, R. KRAMER, B. MICKAN, D. DOPHEIDE und H.-J. HOTZE: *Germany's new optical national standard for natural gas of high pressure at pigsar*, in *12th International Conference on Flow Measurements (FLOMEKO)*, S. 80–88, Guilin, China, 2004.

[Nar94] R. Narasimha und S. N. Prasad: *Leading edge shape for flat plate boundary layer studies*, Exp. Fluids, 17:358–360, 1994.

[Nel92] M. Nelkin: *In what sense is turbulence an unsolved problem?*, Science, 255:566–570, 1992.

[Neu09] M. Neumann, K. Shirai, L. Büttner und J. Czarske: *Two-point correlation estimation of turbulent shear flows using a novel laser Doppler velocity profile sensor*, Flow Meas. Instrum., 20:252–263, 2009.

[Pea08] T. Peacock und E. Bradley: *Going with (or against) the flow*, Science, 320:1302–1303, 2008.

[Pfi05a] T. Pfister, L. Büttner und J. Czarske: *Laser Doppler profile sensor with submicrometre position resolution for velocity and absolute radius measurements of rotating objects*, Meas. Sci. Technol., 16:627 – 641, 2005.

[Pfi05b] T. Pfister, L. Büttner, K. Shirai und J. Czarske: *Monochromatic heterodyne fiber-optics profile sensor for spatially resolved velocity measurements with frequency division multiplexing*, Appl. Opt., 44:2501–2510, 2005.

[Pfi06] T. Pfister, L. Büttner, J. Czarske, H. Krain und R. Schodl: *Turbo machine tip clearance and vibration measurements using a fibre optic laser Doppler position sensor*, Meas. Sci. Technol., 17:1693–1705, 2006.

[Pfi08] T. Pfister: *Untersuchung neuartiger Laser-Doppler-Verfahren zur Positions- und Formvermessung bewegter Festkörperoberflächen*, Dissertation, Technische Universität Dresden, 2008.

[Pfi09] T. Pfister, L. Büttner und J. Czarske: *Laser Doppler sensor employing a single fan-shaped interference fringe system for distance and shape measurement of laterally moving objects*, Appl. Opt., 48:140–154, 2009.

[Pfi10] T. Pfister, P. Günther, M. Nöthen und J. Czarske: *Heterodyne laser Doppler distance sensor with phase coding measuring stationary as well as laterally and axially moving objects*, Meas. Sci. Technol., 21:025302 (14 Seiten), 2010.

[Pra25] L. Prandtl: *Über die ausgebildete Turbulenz*, ZAMM, 5:136–139, 1925.

[Pro01] I. Procaccia: *Turbulence: Go with the flow*, Nature, 409:993–995, 2001.

[Pud09] R. E. Pudritz: *Astrophysics: Star formation branches out*, Nature, 457:37–39, 2009.

[Rao45] C. R. Rao: *Information and the accuracy attainable in the estimation of statistical parameters*, Bull. Calcutta Math. Soc., 37:81–91, 1945.

[Roe01] I. Roehle und C. Willert: *Extension of Doppler global velocimetry to periodic flows*, Meas. Sci. Technol., 12:420–431, 2001.

[Rot01] G. Rottenkolber, R. Meier, O. Schäfer, S. Wachter, K. Dullenkopf und S. Wittig: *Combined fluorescence LDV (FLDV) and PDA technique for non-ambiguous two phase measurements inside the spray of a SI-engine*, Part. Part. Syst. Char., 18:216–225, 2001.

[Sal91] B. E. A. Saleh und M. C. Teich: *Fundamentals of Photonics*, John Wiley and Sons, 1991.

[Sch58] A. L. Schawlow und C. H. Townes: *Infrared and optical masers*, Physical Review, 112:1940–1949, 1958.

[Sch99] H. Schlichting, K. Gersten und K. Mayes: *Boundary-Layer Theory, 8. Auflage*,

Springer Berlin, 1999.

[Sch00a] H. SCHLICHTING und E. TRUCKENBRODT: *Aerodynamik des Flugzeugs 1: Grundlagen aus der Strömungsmechanik. Aerodynamik des Tragflügels 1, 3. Auflage*, Springer Berlin, 2000.

[Sch00b] H. SCHLICHTING und E. TRUCKENBRODT: *Aerodynamik des Flugzeugs 2: Aerodynamik des Tragflügels 2, des Rumpfes, der Flügel-Rumpf-Anordnung und der Leitwerke, 3. Auflage*, Springer Berlin, 2000.

[Sch06a] W. SCHMIDT: *Turbulence: From tea kettles to exploding stars*, Nature Physics, 2:505–506, 2006.

[Sch06b] C. SCHWARZE: *A new look at Risley prisms*, Photonics Spectra, 40:67–71, 2006.

[Sch07] K. SCHWISTER: *Taschenbuch der Verfahrenstechnik, 3. Auflage*, Hanser Fachbuch, 2007.

[Shi05] K. SHIRAI, L. BÜTTNER, J. CZARSKE, H. MÜLLER und F. DURST: *Heterodyne laser-Doppler line-sensor for highly resolved velocity measurements of shear flows*, Flow Meas. Instrum., 16:221–228, 2005.

[Shi06a] K. SHIRAI, T. PFISTER, L. BÜTTNER, J. CZARSKE und H. MÜLLER: *Laser-Doppler profile sensors for spatially high resolved velocity measurements of shear flows*, Int. J. Transp. Phenom., 8:183–195, 2006.

[Shi06b] K. SHIRAI, T. PFISTER, L. BÜTTNER, J. CZARSKE, H. MÜLLER, S. BECKER, H. LIENHART und F. DURST: *Highly spatially resolved velocity measurements of a turbulent channel flow by a fiber-optic heterodyne laser-Doppler velocity profile sensor*, Exp. Fluids, 40:473–481, 2006.

[Shi08] K. SHIRAI, C. BAYER, A. VOIGT, T. PFISTER, L. BÜTTNER und J. CZARSKE: *Near-wall measurements of turbulence statistics in a fully developed channel flow with a novel laser Doppler velocity profile sensor*, Eur. J. Mech. B. Fluids, 27:567–578, 2008.

[Shi09a] K. SHIRAI: *Development, Investigation and Application of Laser Doppler Velocity Profile Sensors toward Measurement of Turbulent Shear Flows with High Spatial Resolution*, Dissertation, Technische Universität Dresden, 2009.

[Shi09b] K. SHIRAI, A. VOIGT, M. NEUMANN, L. BÜTTNER, J. CZARSKE, C. CIERPKA, T. WEIER und G. GERBETH: *Experimental investigation of Lorentz-force controlled flat-plate boundary layer with a laser Doppler velocity profile sensor*, In 6th International Symposium on Turbulence and Shear Flow Phenomena, Seoul, Korea, 2009.

[Shi10] K. SHIRAI, Y. YAGUCHI, L. BÜTTNER, J. CZARSKE und S. ORI: *Investigation of three-dimensional tip clearance flow inside a hard disk drive model*, in *15th Int. Symp. on Appl. Laser Techniques to Fluid Mechanics*, Lisbon, Portugal, 2010.

[Sin03] S. SINZINGER und J. JAHNS: *Microoptics*, John Wiley and Sons, 2003.

[Sol07] H. H. SOLAK und Y. EKINCI: *Bit-array patterns with density over 1 Tbit/in^2 fabricated by extreme ultraviolet interference lithography*, J. Vac. Sci. Technol., B, 25:2123–2126, 2007.

[Sta93] P. C. STAINBACK und K. A. NAGABUSHANA: *Review of hot-wire anemometry techniques and the range of their applicability for various flows*, ASME Electron. J. Fluids Eng., 167:93–133, 1993.

[Str08] T. STROBL und F. ZUNIC: *Wasserbau - Aktuelle Grundlagen, Neue Entwicklungen*, Springer, Berlin, 2008.

[Sve98] O. SVELTO: *Principles of Lasers, 4. Auflage*, Plenum Press, 1998.

[Tan02] M. TANAHASHI, Y. FUKUCHI, G. M. CHOI, K. FUKUZATO und T. MIYAUCHI: *The time-resolved stereoscopic digital particle image velocimetry up to 26,7 kHz*, in *11th Int. Symp. on Appl. Laser Techniques to Fluid Mechanics*, S. 4.1, Lisbon, Portugal, 2002.

[Tie95] A. K. TIEU, M. R. MACKENZIE und E. B. LIGHTFOOT: *Measurements in microscopic flow with a solid-state LDA*, Exp. Fluids, 19:293–294, 1995.

[Tro07] C. TROPEA, A. L. YARIN und J. F. FOSS (Hg.): *Springer Handbook of Experimental Fluids Mechanics*, Springer Berlin, 2007.

[Ven07] P. VENNEMANN, R. LINDKEN und J. WESTERWEEL: *In vivo whole-field blood velocity measurement techniques*, Exp. Fluids, 42:495–511, 2007.

[vK30] T. VON KARMAN: *Mechanische Ähnlichkeit und Turbulenz*, Nachrichten von der Gesellschaft der Wissenschaften zu Göttingen, Fachgruppe 1 (Mathematik), 5:58–76, 1930.

[Voi08] A. VOIGT, C. BAYER, K. SHIRAI, L. BÜTTNER und J. CZARSKE: *Laser Doppler field sensor for high resolution flow velocity imaging without camera*, Appl. Opt., 47:5028–5040, 2008.

[Voi09a] A. VOIGT, S. HEITKAM, L. BÜTTNER und J. CZARSKE: *A Bessel beam laser Doppler velocimeter*, Opt. Commun., 282:1874–1878, 2009.

[Voi09b] A. VOIGT, C. SKUPSCH, J. KÖNIG, K. SHIRAI, L. BÜTTNER und J. CZARSKE: *Imaging Measurement Methods for Flow Analysis*, Kapitel Laser Doppler Field Sensor for Two Dimensional Flow Measurements in Three Velocity Components, S. 21–30, Springer Berlin, 2009.

[Wal09] J. WALTHER, G. MÜLLER, H. MORAWIETZ und E. KOCH: *Analysis of in vitro and in vivo bidirectional flow velocities by phase-resolved Doppler Fourier-domain OCT*, Sens. Actuators A Phys., 156:14–21, 2009.

[Wer05] M. P. WERNET, D. VAN ZANTE, T. J. STRAZISAR, W. T. JOHN und P. PRAHST: *Characterisation of the tip clearance flow in an axial compressor using 3-D digital PIV*, Exp. Fluids, 39:743–753, 2005.

[Wes97] J. WESTERWEEL: *Fundamentals of digital particle image velocimetry*, Meas. Sci. Technol., 8:1379–1392, 1997.

[Whi05] F. M. WHITE: *Viscous Fluid Flow, 3. Edition*, Mcgraw Hill, 2005.

[Whi06] G. M. WHITESIDES: *Overview: The origins and the future of microfluidics*, Nature, 442:368–373, 2006.

[Win10a] J. WINKLER, M. NEUBERT und J. RUDOLPH: *Nonlinear model-based control of the Czochralski process I: Motivation, modeling and feeback controller design*, J. Cryst. Growth, 312:1005–1018, 2010.

[Win10b] J. WINKLER, M. NEUBERT und J. RUDOLPH: *Nonlinear model-based control of the Czochralski process II: Reconstruction of crystal radius and growth rate from the weighing signal*, J. Cryst. Growth, 312:1019–1028, 2010.

[Yar97] A. YARIV: *Optical Electronics in Modern Communications, 5. Auflage*, Oxford University Press, 1997.

[Yeh64] Y. YEH und H. Z. CUMMINS: *Localized fluid flow measurements with an He-Ne laser spectrometer*, App. Phys. Lett., 4:176–178, 1964.

[Zah08] R. ZAHORANSKY: *Energietechnik: Systeme zur Energieumwandlung. Kompaktwissen für Studium und Beruf, 4. Auflage*, Vieweg+Teubner, 2008.

[Zan03a] E.-S. M. ZANOUN: *Answers to some open questions in wall-bounded laminar and turbulent shear flows*, Dissertation, Universität Erlangen-Nürnberg, 2003.

[Zan03b] E.-S. M. ZANOUN, F. DURST und H. NAGIB: *Evaluating the law of the wall in two-dimensional fully developed turbulent channel flows*, Phys. Fluids, 15:3079–3089, 2003.

Danksagung

Meinem Doktorvater, Herrn Prof. Dr.-Ing. Jürgen Czarske, danke ich für die umfangreiche Betreuung, die eine Promotion erfordert. Er ermöglichte mir eine abwechslungsreiche Tätigkeit in vielen Bereichen. Diese umfasste neben der Arbeit im Labor, am Computer und mit Zettel und Papier die Organisation und Ausführung von insgesamt 10 auswärtigen Messeinsätzen. Die daraus gewonnene Teamwork-Erfahrung ist eine wichtige Bereicherung für meinen beruflichen Lebensweg. Die Arbeitsgruppe von Herrn Prof. Czarske ermöglichte mir ein interdisziplinäres Arbeiten mit Kollegen aus den Fachbereichen Elektrotechnik, Physik, Maschinenbau und Informationssystemtechnik und somit einen Blick weit über den üblichen Physiker-Tellerrand hinaus.

Herrn Prof. Dr. Edmund Koch möchte ich für die Bereitschaft danken, als externer Gutachter für die Dissertation zu wirken.

Lars Büttner danke ich für seine umfangreiche Betreuung und Unterstützung bei der Koordination von Messkampagnen, bei der Verfassung von Publikationen und für zahlreiche hilfreiche Diskussionen. Von ihm stammten wesentliche Denkanstöße für die Arbeit am Besselstrahl-LDA und die Deflektometriemessung an der Glasscheibe. Neben wissenschaftlichen Impulsen verdanke ich ihm als meinem langjährigen Bürokollegen viele heitere Momente.

Katsuaki Shirai danke ich für viele gemeinsam durchstandene Messkampagnen und Wagner-Opern. Seine umfangreiche Kenntnis verschiedener Messverfahren war für mich wichtig, um einen Überblick über die Strömungsmesstechnik zu erlangen. Außerdem hat er mir in der Anfangszeit geholfen, mich in die Arbeit mit dem Laser-Doppler-Profilsensor einzuarbeiten. Die Zusammenarbeit mit Mathias Neumann war insbesondere bei der Arbeit am Kühlkreislaufmodell von großer Bedeutung für mich. Dank seiner Fähigkeiten in Signalverarbeitung, Elektronik und seinem pragmatisch-handwerklichem Geschick waren wir innerhalb kürzester Zeit ein eingespieltes Team. Christian Bayer danke ich für die Zusammenarbeit, insbesondere bei dem Hochdruck-Erdgas-Projekt. Seiner ehrgeizigen Arbeitsweise ist viel zu verdanken, dass Messkampagnen stets das optimal mögliche Ergebnis lieferten.

Andreas Fischer möchte ich für viele hilfreiche Diskussionen, insbesondere zu theoretischen Fragen, danken. Den Mitarbeitern aus dem Nachbarzimmer, Thorsten Pfister und Philipp Günther, danke ich, dass sie mir bei Fragen zur Signalverarbeitung, zu MatLab und zu TeX stets hilfreich zur Seite standen. Mit Jörg König verbinden mich zahlreiche fruchtbare abendliche Kaffee-Diskussionen über experimentelle Methodik und zu Fragen der Mikrofluidik.

Ich danke ferner meinen Diplom- und Belegarbeitsstudenten Christoph Skupsch, Sascha Heitkam und Andrej Woloschyn. Die Betreuung der Arbeiten hat mit Freude gemacht und in allen drei Fällen wichtige Beiträge zum Gelingen dieser Arbeit beigesteuert.

Cathleen John möchte ich für ihre umfangreiche organisatorische Unterstützung danken.

Der Deutschen Forschungsgemeinschaft danke ich für die finanzielle Förderung der Arbeiten in den Projekten Cz55/18-1, Cz55/18-2 und Cz55/20-1.

Ich danke Herrn Dr. Harald Müller, Herrn Dr. Volker Strunck, Herrn Dr. Bodo Mickan und Herrn Norbert Pape von der PTB für die Initiierung des Erdgasströmungsprojektes, die Unterstützung bei der Messung und ihre Hilfe bei der Auswertung der Daten. Außerdem danke ich dem Personal der E.ON Ruhrgas AG für die Ermöglichung und Unterstützung der Messungen an *pigsar*.

Ich danke Herrn Dr. Wolfgang Hering, Herrn Dr. Frederik Arbeiter und Frau Jurong Zhuang vom Forschungszentrum Karlsruhe für die Ermöglichung des ambitionierten Profilsensorprojektes für L-STAR und für die Zusammenarbeit beim Aufbau des Messsystems und bei den Messungen in Karlsruhe.

Prof. Dr. Dr. h.c. Franz Durst und PD Dr.-Ing. Stefan Becker vom Lehrstuhl für Strömungsmechanik Erlangen danke ich für Möglichkeit, am dortigen Windkanal messen zu können und die Unterstützung vor Ort.

Außerdem danke ich den Mitgliedern der Band TASK dafür, dass sie es immer wieder akzeptiert haben, wenn ich aufgrund von terminlichem Druck Proben ausfallen lassen musste, insbesondere wenn Messkampagnen anstanden und in der Zeit des Zusammenschreibens der Doktorarbeit.

Zu guter Letzt möchte ich meinen Eltern und Geschwistern danken. Die Unterstützung, die ich von ihnen in den Jahren erfahren habe, kann nicht mit Gold aufgewogen werden.

Publikationen

Zeitschriften- und Buchbeiträge (Erstautor)

A. Voigt, C. Skupsch, J. König, K. Shirai, L. Büttner, J. Czarske: *Laser Doppler field sensor for two dimensional flow measurements in three velocity components*, in *Imaging Measurement Methods for Flow Analysis*, Herausgeber: W. Nitsche und C. Dobriloff, Springer-Verlag, Berlin, Mai 2009, S. 21-30

A. Voigt, S. Heitkam, L. Büttner, J. Czarske: *A Bessel beam laser Doppler velocimeter*, Opt. Commun., 282:1874-1878, 2009

A. Voigt, C. Bayer, K. Shirai, L. Büttner, J. Czarske: *Laser Doppler field sensor for high resolution flow velocity imaging without camera*, Appl. Opt., 47:5028-5040, 2008, selected by the editor-in-chief, Gregory Faris, for publication in the Virtual Journal for Biomedical Optics (VJBO)

Zeitschriften- und Buchbeiträge (Koautor)

J. König, A. Voigt, L. Büttner, J. Czarske: *Precise micro flow rate measurements by a laser Doppler velocity profile sensor with time division multiplexing*, Meas. Sci. Technol., 21:074005 (9 S.), 2010

K. Shirai, C. Bayer, A. Voigt, T. Pfister, L. Büttner, J. Czarske: *Near-wall measurements of turbulence statistics in a fully developed channel flow with a novel laser Doppler velocity profile sensor*, Eur. J. Mech. B. Fluids, 27:567-578, 2008

L. Büttner, C. Bayer, A. Voigt, J. Czarske, H. Müller, N. Pape, V. Strunck: *Precise flow rate measurements of natural gas under high pressure with a laser Doppler velocity profile sensor*, Exp. Fluids, 45:1103-1115, 2008

L. Büttner, A. Voigt, J. Czarske, H. Müller: Neue Entwicklungen in der optischen Strömungsmesstechnik, in *PTB-Bericht PTB-MA-84 Optische Methoden in der Mengen- und Durchflussmessung*, Herausgeber: A. Odin, R. Schwartz, Braunschweig, April 2008, ISBN 978-3-86509-818-4, S. 17-28

C. Bayer, A. Voigt, K. Shirai, L. Büttner, J. Czarske: *Interferometrischer Laser-Doppler-Feldsensor zur Messung der Geschwindigkeitsverteilung von komplexen Strömungen*, Tech. Mess. 4:224-234, 2007

Tagunsbeiträge (Erstautor)

A. Voigt, L. Büttner, J. Czarske, H. Müller: *Laser Doppler Velocity Profile Sensor: Technical Advances for the Optical Flow Rate Measurement of Natural Gas*, XIX IMEKO World Congress, Lissabon, Portugal, 6.-11. September 2009, S. 1316-1320

A. Voigt, L. Büttner, J. Czarske, H. Müller: Hochauflösender Laser-Doppler-Profilsensor zur Durchflussmessung von Hochdruck-Erdgas, XXII. Messtechnisches Symposium des AHMT, Dresden, 11.-13. September 2008, S. 251-263

A. Voigt, L. Büttner, J. Czarske, H. Müller: *Hochauflösender Laser-Doppler-Profilsensor zur Durchflussmessung von Hochdruck-Erdgas*, 109. Jahrestagung der Deutschen Gesellschaft für angewandte Optik (DGaO), Esslingen, 13.-17. Mai 2008, Beitrag A2 (2 S.)

A. Voigt, C. Bayer, K. Shirai, L. Büttner, J. Czarske: *Hochauflösender Laser-Doppler-Feldsensor zur dreikomponentigen ortsverteilten Strömungsgeschwindigkeitsmessung*, 15. Fachtagung Lasermethoden in der Strömungsmesstechnik, Rostock, 4.-6. September 2007, S. 1.1-1.9

A. Voigt, C. Bayer, K. Shirai, L. Büttner, J. Czarske: *Hochauflösender Laser-Doppler-Sensor zur dreikomponentigen ortsverteilten Geschwindigkeitsmessung in Strömungsfeldern*, 107. Jahrestagung der Deutschen Gesellschaft für angewandte Optik (DGaO), 6.-10. 2006, Weingarten, Beitrag P47 (2 S.)

Tagungsbeiträge (Koautor)

J. König, A. Voigt, C. Skupsch, L. Büttner, J. Czarske: *Laser-Doppler-Feldsensor für die Mikrofluidik*, 17. Fachtagung Lasermethoden in der Strömungsmesstechnik, Erlangen, 8.-10. September 2009, S. 3.1-3.7

M. Neumann, K. Shirai, A. Voigt, L. Büttner, J. Czarske: *Highly Precise Correlation Estimates of Turbulent Sheer Flows Using a Novel Laser Doppler Profile Sensor*, 6th International Symposium on Turbulence and Shear Flow Phenomena (TSFP6), Seoul, Korea, 22.-24. Juni 2009, S. 1031-1036

K. Shirai, A. Voigt, M. Neumann, L. Büttner, J. Czarske, C. Cierpka, T. Weier, G. Gerbeth: *Experimental investigation of Lorentz-force controlled flat-plate boundary layer with a laser Doppler velocity profile sensor*, 6th International Symposium on Turbulence and Shear Flow Phenomena, Seoul, Korea, 22.-24. Juni 2009, S. 755-760

M. Neumann, K. Shirai, A. Voigt, L. Büttner, J. Czarske: *Einsatz neuartiger Doppler-Signalverarbeitungstechniken zur Untersuchung von turbulenten Scherschichtströmungen*, XXII. Messtechnisches Symposium des AHMT, Dresden, 11.-13. September, 2008, S. 47-61

L. Büttner, K. Shirai, A. Voigt, M. Neumann, J. Czarske, T. Weier, C. Cierpka: *Anwendung des Laser-Doppler-Geschwindigkeitsprofilsensors zur Vermessung elektromagnetisch beeinflusster Elektrolytströmungen*, 16. Fachtagung Lasermethoden in der Strömungsmesstechnik, Karlsruhe, 9.-11. September 2008, S. 4.1-4.8

C. Skupsch, A. Voigt, K. Shirai, L. Büttner, J. Czarske: *The laser Doppler field sensor - a new technique for flow research*, 22nd international Eurosensors conference, Dresden, 7.-10. September

2008, S. 238 (4 S.)

K. Shirai, C. Bayer, A. Voigt, L. Büttner, J. Czarske: *Measurement of Velocity and Acceleration in Turbulent Jet with a Laser Doppler Velocity Profile Sensor*, 7th Euromech Fluid Mechanics Conference, Manchester, United Kingdom, 14.-18. September 2008, S. 301

C. Skupsch, A. Voigt, L. Büttner, J. Czarske: *Der Laser-Doppler-Geschwindigkeitsfeldsensor - eine neue Technik für die Strömungsforschung*, 109. Jahrestagung der Deutschen Gesellschaft für angewandte Optik (DGaO), Esslingen, 13.-17. Mai 2008, Beitrag P14 (2 S.)

K. Shirai, C. Bayer, H. Nobach, C. Klaucke, A. Voigt, L. Büttner, J. Czarske: *Application of laser Doppler Velocity Profile Sensor to Turbulent Flows: Measurement of Water Channel Flow and Two-Point Correlation*, 15. Fachtagung Lasermethoden in der Strömungsmesstechnik, Rostock, 4.-6. September 2007, S. 3.1-3.6

K. Shirai, C. Bayer, A. Voigt, T. Pfister, L. Büttner, J. Czarske: *Near-Wall Measurements of Turbulence Statistics with Laser Doppler Velocity Profile Sensors*, 5th International Symposium on Turbulence and Shear Flow Phenomena, München, 27.-29. August 2007, S. 279-284

K. Shirai, C. Bayer, A. Voigt, T. Pfister, L. Büttner, J. Czarske: *Near-Wall Measurements of Turbulence Statistics with Laser Doppler Velocity Profile and Field Sensors*, 11th EUROMECH European Turbulence Conference, Porto, Portugal, 25.-28. Juni 2007, S. 150-152

L. Büttner, A. Voigt, C. Bayer, J. Czarske: *Three Component Flow Imaging by an Extended Laser Doppler Sensor*, XVIII IMEKO World Congress, Rio de Janeiro, Brasilien, 17.-22. September 2006, Beitrag TC9-7 (6 S.)

K. Shirai, C. Bayer, A. Voigt, T. Pfister, L. Büttner, J. Czarske, H. Müller, D. Petrak: *Application of Laser-Doppler Velocity-Field Sensor to Highly Resolved Shear Flow Measurements*, 14. Fachtagung Lasermethoden in der Strömungsmesstechnik, Braunschweig, 5.-7.September 2006, S. 11.1-11.10

L. Büttner, A. Voigt, C. Bayer, J. Czarske: *2D3C-Laser Doppler Sensor for highly spatially resolved flow field investigations*, 13th International Symposium Applications of Laser Techniques to Fluid Mechanics, Lissabon, Portugal, 26.-29. Juli 2006, Beitrag 31.2 (10 S.)

C. Bayer, A. Voigt, K. Shirai, L. Büttner, J. Czarske: *Interferometrischer Laser-Doppler-Feldsensor zur flächenhaften Messung der Geschwindigkeitsverteilung von komplexen Strömungen*, XX. Messtechnisches Symposium des AHMT, Bayreuth, 5.-6. Oktober 2006, S. 141-155

K. Shirai, C. Bayer, T. Pfister, A. Voigt, L. Büttner, J. Czarske, H. Müller, G. Yamanaka, S. Becker, H. Lienhart, F. Durst: *High Spatially Resolved Velocity Measurements of Turbulent Flows with a Fiber-Optic Velocity-Profile Sensor*, 7th Euromech Fluid Mechanics Conference, Stockholm, 26.-30. Juni 2006, S. 68

Betreute Diplom- und Belegarbeiten

Diplomarbeiten

Christoph Skupsch: *Untersuchung eines bildgebenden, interferometrischen Doppler-Geschwindigkeitsmessverfahrens für die Mikro- und Nanofluidik*, Fachbereich Physik, 2008

Belegarbeiten

Sascha Heitkam: *Aufbau und Charakterisierung eines Besselstrahl-Laser-Doppler-Anemometers*, Fachbereich Maschinenbau, 2008

Andreas Woloschyn: *Entwicklung eines Profilsensormesskopfs für hochaufgelöste und hochpräzise Strömungsmessungen*, Fachbereich Maschinenbau, 2010

Lebenslauf

Geboren am 20.4.1976 in München

Ausbildung

06/2006 - 01/2010	Technische Universität Dresden, Elektrotechnik
	Mitarbeiter in der Arbeitsgruppe von Prof. Jürgen Czarske
10/1999 - 03/2004	Technische Universität Dresden, Physik
	Externe Diplomarbeit in der Arbeitsgruppe von Prof. Theodor Hänsch
	am Max-Planck-Institut für Quantentoptik, München
	Thema: Interferenz von Ionisationspfaden an einem Lithium-Atomstrahl
	Diplom mit Auszeichnung
09/1998 -04/1999	Duke University, NC, USA, Physik
10/1995 -08/1998	Technische Universität Dresden, Physik
1988 - 1995	Gymnasium Liebfrauenschule, Oldenburg, Abitur
1986 - 1988	Orientierungsstufe Paulusschule, Oldenburg
1982 - 1986	Grundschule Lenbachallee, Ottobrunn (Landkreis München)

Weitere praktische Erfahrung

11/2004 - 05/2005	Praktikum am Zentrum Mikroelektronik Dresden
	Simulation von CCD-Bauelementen
07/1999 - 09/1999	Sommerstudentenprogramm am CERN, Genf
05/1999 - 06/1999	Studentische Hilfskraft in der Arbeitsgruppe von Prof. Dan Gauthier
	Duke University, Quantenoptik
03/1998 - 06/1998	Studentische Hilfskraft am Leibnitz-Institut für Festkörper- und Werkstoffforschung (IFW), Dresden
	Feld: Supraleitende Schichten